CHEMICAL – REACTION

하루 한 권, **일상 속 화학 반응**

사이토 가쓰히로 지음

이은혜 옮김

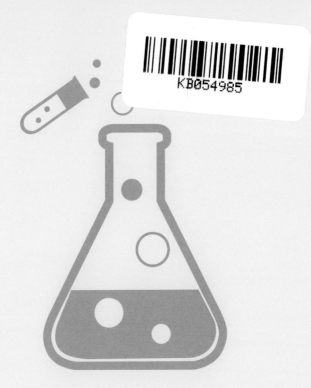

KB175849

우리 삶에서 발생하는 모든 현상의 반응식

사이토 가쓰히로(齋藤勝裕)

1945년 5월 3일생. 1974년에 도호쿠대학교 대학원 이학연구과 박사과정을 수료하고 현재 나고야시립대학의 특임교수를 비롯해 나고야 산업화학연구소 수석연구원, 메이조대학 시간 강사, 나고야 공업대학 명예교수를 겸임하고 있다. 전문 분야는 유기화학, 물리화학, 광화학, 초분자화학이며, 저서로는 『マンガでわかる元素118 만화로 읽는 주기율표 118』, 『マンガでわかる有機化学 만화로 읽는 유기화학』, 『マンガでわかる無機化学 만화로 읽는 무기화학』, 『カラー図解でわかる高校化学超入門 그림으로 배우는 고등학교 화학 입문』 등 다수가 있다. 국내에 번역된 도서로는 『하루 한 권, 탄소』, 『하루 한 권, 주기율의 세계』〈드루〉 등이 있다.

들어가며

이 책은 화학 반응이 일상생활 속에서 어떻게 이용되고 때로는 얼마나 위험한지, 또한 우리의 생활에 얼마나 많은 도움을 주는지 이해하기 쉽도록 만화를 더해 설명했다.

이 책은 결코 화학 참고서나 교과서가 아니다. 화학자의 관점이 아니라 일반 사람들의 눈높이에 맞춰 화학 반응을 설명하고자 쓴 책임을 미리 밝혀 둔다.

이 책에는 기본적인 화학 반응에 대한 설명뿐만 아니라 어떤 의미에서는 화학과 조금 동떨어져 보이는 이야기도 담겨 있다. 화학 반응을 일으킨 의도와 그 뒷이야기, 사회에 미친 영향과 효과, 예상치 못한 문제까지 화학 교과서에서는 볼 수 없는 이야기들을 만날 수 있다.

'화학'이라는 말에 벌써 머리가 아프다는 독자도 있겠지만 걱정은 접어 두기 바란다. 막상 읽어 보면 생각보다 쉬운 화학 반응에 깜짝 놀랄지도 모른다. 사실 정말 중요하고 귀중한 화학 반응은 의외로 단순할 때가 많다. 예를 들어 생선을 굽거나 난방을 하고, 전기를 만드는 과정에서 발생하는 화학 반응은 한마디로 정리하면 그저 탄소가 연소하는 반응일 뿐이다.

$$C \quad + \quad O_2 \quad \rightarrow \quad CO_2$$
$$\text{탄소} \qquad \text{산소} \qquad\quad \text{이산화탄소}$$

반응 자체는 단순하다. 하지만 여기서 끝이 아니다. 탄소(C)가 들어 있는 화석 연료는 얼마나 더 쓸 수 있을지, 배출된 이산화탄소(CO_2)는 어떻게 처리할지와 같은 중요한 세부 문제들이 따라온다.

또한 70억 명이나 되는 인구가 지구상에서 함께 먹고살려면 농부들의 노력은 물론, 화학비료의 도움 없이는 절대 불가능하다. 화학비료가 만들어지는 기본적인 화학 반응도 어렵지 않다.

$$N_2 \quad + \quad 3H_2 \quad \rightarrow \quad 2NH_3$$

질소   수소   암모니아

다만 이 반응이 일어나려면 막대한 에너지와 수소(H_2)가 필요하고, 수소를 생성하려면 또 많은 에너지가 필요하다.

사실 이 부분이 화학 반응의 핵심이다. 우리는 화학 반응을 특정 분자가 다른 분자로 변하는 현상이라고 생각한다. 맞는 말이다. 앞에서 설명한 반응에서도 질소와 수소가 암모니아로 변했다. 하지만 이와 같은 분자의 변화, 즉 물질 변화는 화학 반응의 한 부분에 불과하다.

핫팩을 문지르면 금세 뜨거워진다. 즉, 열이 발생한다. 반대로 냉각팩은 금세 차가워진다. 다시 말해 열을 흡수한다.

이처럼 화학 반응에서는 열의 이동, 즉 에너지 **변화**도 일어난다. 현대 사회는 에너지 사회라고도 한다. 그만큼 화학 변화를 볼 때 에너지 변화라는 측면도 날로 중요해지고 있다.

그리고 또 하나, **위험**도 생각해야 한다. 물론 모든 화학 반응이 위험하지는 않다. 지금도 우리의 몸 안에서는 쉬지 않고 화학 반응이 일어나고 있다. 만약 모든 화학 반응이 위험하다면 지구상의 모든 생물은 이미 멸종했을 것이다.

화학 반응은 대부분 위험하지 않다. 오히려 유익하다. 다만 문제는 일부 위험한 반응이 우리가 알아차리지 못하는 사이에 일어난다는 점이다. 요즘

은 일반 가정집에서도 다양한 화학 물질을 사용한다. 화학 물질이라고 인식조차 하지 못한 채 집안 곳곳에서 사용하고 있다.

화학 반응에는 다양한 면이 있다. 이 책은 당신이 지금까지 미처 깨닫지 못했던 화학 반응의 다양한 면을 알려 줄 것이다. 어려워하지 말고 화학을 즐긴다는 기분으로 편하게 읽어 보기를 바란다.

사이토 가쓰히로

목차

제1장 **뉴스에 등장하는 화학 반응**

제2장 **우리 주변의 화학 반응**

제3장 환경과 화학 반응

제4장 인류에게 필요한 화학 반응

제5장 위험한 화학 반응

주인공 소개

김태평(일명 태평 님)
신입사원. 최근 맡은 업무에 화학 지식이 필요해서 요즘 고민이 많다. 하지만 뭐, 어떻게든 되겠지!

냥냥
화학 지식이 풍부한 의문의 천재 소녀. 이유는 모르지만 고양이 귀를 달고 있다.

뭉치
태평이 키우는 기니피그. 항상 태평에게 관심받고 싶어 하며 냥냥과 티격태격한다.

이것부터 알아 둡시다!
화학 반응식이란

 이 책의 목적은 **화학 반응**을 통해 화학 물질이 가진 성질과 화학 반응의 의미, 그 가치를 생각해 보고, 그것이 사회와 자연에 미치는 영향을 살펴보는 것이다. 따라서 책 전반에 걸쳐 화학 반응식이 등장한다. 매우 간단하고 단순한 식이지만 이해를 돕기 위해 본격적인 설명에 앞서 먼저 화학 반응식에 대해서 정리해 보자.

● 화학 반응식의 화살표

 화학 반응식은 일반적으로 오른쪽을 향하는 화살표(→)를 사이에 두고 좌변과 우변으로 구성된다. 좌변은 화학 반응이 일어나기 전의 분자, 즉 **화학 반응의 원료**를 의미하며 출발계라고 한다. 또한 우변은 **화학 반응이 일어난 후의 생성물**을 말하며, 생성계라고 한다.

그림 출발계와 생성계

물질 변화

출발계　　　　　　　　　　　　생성계

 예를 들어 수소(H_2)와 산소(O_2)가 반응해서 물(H_2O)이 되는 화학 반응식은 **식(1)**과 같이 표현한다. 이 식에서 수소와 물의 분자식 앞에 붙는 숫자 '2'는 계수라고 하며 반응하는 분자의 개수를 의미한다.

$$\begin{array}{ccc} \underset{\text{수소}}{2H_2} & + & \underset{\text{산소}}{O_2} & \rightarrow & \underset{\text{물}}{2H_2O} \end{array} \qquad \cdots (1)$$

이 반응에서 출발계에 속하는 분자(수소, 산소)는 모두 같은 화학 반응을 일으켜 같은 생성계(물)가 된다. 따라서 좌변과 우변의 원자 종류와 개수는 일치한다. 하지만 모든 화학 반응이 항상 이런 식으로 진행되지는 않는다.

예를 들어 탄소(C)가 연소하는 반응에서는 산소의 양에 따라 일산화탄소(CO)와 이산화탄소(CO_2)가 동시에 발생하기도 한다. 이 반응은 다음과 같이 표현한다.

$$\begin{array}{ccccc} \underset{\text{탄소}}{C} & + & \underset{\text{산소}}{O_2} & \rightarrow & \underset{\text{일산화탄소}}{CO} & + & \underset{\text{이산화탄소}}{CO_2} \end{array} \qquad \cdots (2)$$

그래서 화학 반응식에는 등호(=)가 아니라 화살표(→)를 사용한다.

● 열화학방정식에는 '등호'도 OK!

사실 화학 반응식에 '등호(=)'를 사용하지 않는 이유가 하나 더 있다. 화학 반응식은 전체 화학 반응을 표현하는 것이 아니기 때문이다.

식(1)은 수소라는 물질과 산소라는 물질이 화학 반응을 일으켜 물이라는 물질로 변하는 현상을 나타낸다. 이 식은 화학 반응 중 **물질 변화**를 보여준다.

하지만 이 화학 반응에서 물질 변화만 일어나는 것은 아니다. 수소와 산소의 반응은 폭발이라 부를 만큼 강하기 때문에 반응이 일어나는 동시에 다량의 에너지 ΔE가 방출된다. 다시 말해 이 반응에서는 물뿐 아니라 ΔE도 생성된다. 식으로 표현하면 다음과 같다.

$$\begin{array}{ccccc} \underset{\text{수소}}{2H_2(\text{기체})} & + & \underset{\text{산소}}{O_2(\text{기체})} & = & \underset{\text{물}}{2H_2O(\text{액체})} & + & \underset{\text{에너지}}{286[kJ]} \end{array} \qquad \cdots (3)$$

이렇게 쓰면 좌변과 우변의 물질과 에너지가 같기 때문에 '등호'로 연결할 수 있다. 이와 같은 식을 **열화학방정식**이라고 한다.

● 에너지 변화를 동반하는 화학 반응

여기서 강조하고 싶은 점은 화학 반응에서는 결코 물질 변화만 일어나는 것이 아니라는 사실이다. 반드시 에너지 **변화**도 함께 일어난다. 이때 에너지 변화는 열로 나타나기도 하고 빛으로 나타나기도 한다. 또는 열을 흡수해 주위의 온도를 낮추기도 한다. 우리가 이용하는 화학 반응의 효과 중 절반은 이와 같은 에너지 변화를 이용한 것이라 볼 수 있다.

자료 화학 반응에서 발생하는 에너지 이동

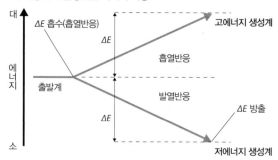

제1장

뉴스에 등장하는
화학 반응

세상은 물질로 이루어져 있다. 그리고 물질을 다루는 학문이 화학이다. 따라서 화학은 일상에서 일어나는 모든 문제와 엮일 수밖에 없다. 그래서 뉴스에도 화석 연료, 태양전지, 신약 개발, 식품 첨가물, 플라스틱 문제가 매일같이 등장한다. 모두 우리 생활과 직결되는 문제다. 이런 뉴스들을 화학 반응이라는 관점에서는 어떻게 봐야 할까?

1-1 화석 연료의 연소

　요즘도 화석 연료와 대체 에너지 관련 뉴스는 끊이지 않는다. 주로 화석 연료의 자원 고갈이나 연소 시 발생하는 폐기물에 관한 뉴스가 많다. 연소 폐기물에서 가장 많이 나오는 물질은 이산화탄소이며, 이산화탄소가 초래하는 온실 효과는 전 세계적인 문제다.

● 화석 연료의 고갈

　화석 연료는 이름 그대로 '화석으로 만들어진 연료'다. 대표적으로 석탄, 석유, 천연가스가 있다. 그 밖에도 요즘은 메탄 하이드레이트(methane hydrate), 셰일가스(shale gas), 셰일오일(shale oil), 오일샌드(oil sand), 탄층메탄가스(coalbed methane)와 같은 '신에너지'도 주목받고 있다. 신에너지는 천연가스나 석유, 다시 말해 화석 연료의 친구라고 이해하면 된다.

　화석 연료는 고대 생물들의 사체가 변해 만들어진 물질인 만큼 당연히 매장량에 한계가 있다. 화석 연료의 매장량을 보여 주는 가채매장량에 따르면 현재 석탄은 120년, 석유와 천연가스는 40년, 원자력 발전에 이용하는 우라늄은 100년분이 남아 있다. 단, '가채매장량'은 실제 매장량은 아니다.

　'가채(可採)'는 '채굴이 가능하다'라는 의미다. 쉽게 말해 현시점에서 확인된 매장 자원을 현재의 기술로 채굴해서 지금과 같은 속도로 소비했을 때 앞으로 몇 년을 더 쓸 수 있을지 나타낸 척도일 뿐이다. 30년 후에는 지금보다 채굴 기술이 발달할 테고, 어쩌면 새로운 석유가 발견될지도 모른다. 채굴 기술이 발달해서 지금까지 채굴할 수 없었던 해양 유전을 이용할 수도 있고, 에너지 절약 기술이 발달해서 연료 사용량이 줄어들 수도 있다.

　그렇게 되면 가채매장량은 시간이 지날수록 오히려 늘어난다.

● 지구 온난화 문제

지구는 점점 따뜻해지고 있다. 현재의 속도대로라면 21세기 말에는 평균 기온이 3~5℃ 상승할 것으로 예측된다. 평균 기온이 오르면 해수면이 50cm 정도 올라가고 그만큼 바다 면적이 넓어진다.

이와 같은 지구 온난화를 부르는 주범이 이산화탄소다. 가스가 열을 흡수하는 성질의 정도를 나타내는 **지구 온난화 계수**를 살펴보자. 수치가 큰 기체일수록 열을 많이 흡수한다는 의미다.

아래 **표**에서 볼 수 있듯이 지구 온난화 계수는 이산화탄소 기준이므로 이산화탄소의 계수는 '1'이다. 그런데 계수가 1보다 작은 기체는 없다. 도시가스로 사용하는 천연가스인 메탄의 계수는 21로 이산화탄소보다 지구 온난화에 무려 21배나 많은 영향을 미치고, **오존홀**(ozone hole) 문제로 사용이 금지된 프레온 가스의 계수는 심지어 수백~1만에 이른다.

표 지구 온난화 계수

물질	분자식	분자량	산업혁명 이전 농도	현재 농도	지구 온난화 계수
이산화탄소	CO_2	44	280ppm	358ppm[1]	1
메탄	CH_4	16	0.7ppm	14.7ppm	21
일산화탄소	N_2O	44	0.28ppm	0.31ppm	310
프레온 가스	CFCl	–	–	–	수백~1만

● 이산화탄소의 발생량

그렇다면 지구 온난화 계수가 낮은 이산화탄소가 어째서 지구 온난화의 주범인 걸까? 이유는 이산화탄소의 발생량에 있다.

석유나 등유 20L의 무게는 대략 14kg이다. 이 연료가 연소하면 이산화탄소가 얼마나 발생할지 생각해 보자. 우선 석유는 탄소와 수소가 결합한 물질이라는 의미에서 **탄화수소**라고도 한다.

탄화수소(CH_2) 한 개가 연소하면 한 개의 이산화탄소(CO_2)와 한 개의

---

1 ppm: 어떤 양이 100만분의 몇을 차지하는가를 나타내는 수치. 농도의 단위로 사용한다.

물(H_2O)이 생긴다. 잠시 화학적 지식을 짚고 넘어가자면 분자의 무게는 분자량이라는 단위로 계산한다. 탄화수소의 분자량은 14이지만 이산화탄소의 분자량은 무려 44에 달한다.

따라서 석유 20L, 즉 14kg을 태우면 그 무게의 세 배에 달하는 44kg의 이산화탄소가 발생한다. 10톤짜리 유조선 한 척분의 석유를 태우면 무려 30만 톤의 이산화탄소가 발생한다는 말이다. 이 부분이 이산화탄소의 문제, 나아가서는 화석 연료의 연소가 초래하는 심각한 문제다.

그림 석유(등유)의 연소와 이산화탄소의 발생량

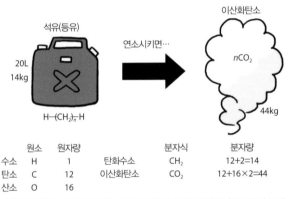

	원소	원자량		분자식	분자량
수소	H	1	탄화수소	CH_2	12+2=14
탄소	C	12	이산화탄소	CO_2	12+16×2=44
산소	O	16			

▲ 석유와 이산화탄소의 분자량 비는 14:44다. 따라서 등유 20L(14kg)를 태우면 그의 세 배인 44kg의 이산화탄소가 발생한다. 이것이 이산화탄소를 지구 온난화의 주범으로 보는 이유다.

1-2 석유의 생성

석유는 대표적인 화석 연료다. 앞에서도 설명했듯이 화석 연료는 고대 생물의 사체가 변해서 만들어진 연료이며, 그중에서도 석유는 고대 생물의 사체가 땅속에서 지열과 압력을 받아 분해된 것으로 추정된다. 따라서 매장량이 무한하지 않으며 현재의 소비 속도로 계산하면 앞으로 약 40년(가채 매장량) 후에는 고갈될지도 모른다.

● 석유의 기원

우리는 초등학교에서 '석유는 고대 생물의 사체가 변해서 만들어진 연료'라고 주장하는 유기기원설(생물기원설)을 배웠고, 지금도 그 사실을 굳게 믿으며 의심하지 않는다.

하지만 유기기원설은 서양 국가에서만 일어나는 특유의 현상이라고 주장하는 사람도 있다. 여기서 말하는 서양 국가란 정치·경제적 면에서 자유경제 국가를 의미한다. 이런 서양 국가와 달리 동양에서는 '석유가 땅속에서 일어난 화학 반응으로 생긴 연료'라는 주장이 나왔다. 이 주장을 석유의 무기기원설이라고 한다.

예를 들면 카바이드(CaC_2)라는 회색의 부드러운 돌이 있다. 이 무기물에 물을 뿌리면 유기물인 아세틸렌 기체가 발생한다. 이처럼 무기물의 화학 반응에서 유기물이 생성되기도 하며, 아세틸렌은 조건이 맞으면 고분자화를 통해 우리에게 잘 알려진 전도성 고분자 플라스틱, 폴리아세틸렌이 된다. 여기까지 왔으면 석유에 거의 도달한 셈이다.

아세틸렌의 고분자화와 석유의 관계

$nHC\equiv CH$ $\xrightarrow{\text{고분자화}}$ $H_2C=CH-CH=CH-CH=CH\cdots\cdots CH_2$
아세틸렌   폴리아세틸렌

$\xrightarrow{? ?}$ $H_3C-CH_2-CH_2-CH_2\cdots\cdots CH_3$
석유

▲ 아세틸렌이 고분자화한 폴리아세틸렌의 구조는 석유와 매우 비슷하다.

CaC_2 + H_2O → CaO + $HC\equiv CH$
카바이드   물   산화칼슘   아세틸렌

무기기원설은 주기율표로 유명한 러시아의 화학자 드미트리 멘델레예프 (Dmitrii Mendeleev, 1834~1907)가 처음 제기한 만큼 솔직히 케케묵은 느낌이 들기도 한다. 하지만 무기기원설의 핵심은 지금도 **땅속에서 무기 반응을 통해 석유가 생성되고 있다**고 주장하는 부분이다. 만약 무기기원설이 사실이라면 자원의 고갈은 걱정할 필요가 없다.

과연 어떤 주장이 사실일까? 지금껏 유기기원설만 알고 있던 우리에게는 믿기 어려운 이야기겠지만, 지금도 두 가설을 둘러싼 논쟁은 계속되고 있다.

● **자연발생설**

그런데 21세기에 들어서 또 다른 주장이 등장했다. 미국의 저명한 천문학자 토머스 골드(Thomas Gold, 1920~2004)의 말에 따르면 모든 행성의 내부에는 방대한 양의 탄화수소가 존재한다. 운석에도 탄화수소가 포함되어 있으니 지구도 마찬가지라는 것이다.

지구 중심에 있는 고온고압의 내핵에 방대한 양의 탄화수소가 존재하고, 이 탄화수소가 비중 차이에 따라 지표면으로 솟구치는 도중에 높은 열과 압력을 받아 끈적한 원유가 됐다는 주장이다. 그는 주장의 증거로 석유를 다 채굴해 고갈됐던 유전에서 실제로 몇 년 후에 다시 석유가 나온 예를 들었다.

그림 석유의 자연발생설

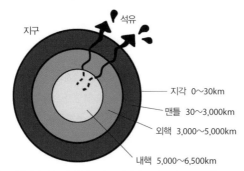

▲ 자연발생설에 따르면 석유는 마치 컨베이어 벨트에 실린 것처럼 지구의 중심에서 지표로 이동한다.

● 세균기원설과 식물기원설

최근 일본의 한 젊은 화학자가 획기적인 사실을 발견했다. 땅속에 서식하며 이산화탄소를 석유로 바꾸는 세균을 찾아낸 것이다. 심지어 생성된 석유는 분자 구조가 완벽해서 분리하기만 해도 정제하지 않고 바로 내연기관(엔진)의 연료로 쓸 수 있을 정도였다.

그뿐만이 아니다. 이산화탄소를 탄화수소로 바꾸는 해조류도 발견됐다. 마찬가지로 이 탄화수소도 구조가 완벽해서 바로 연료로 쓸 수 있었고, 이미 대규모 합성 실험도 성공했다.

석유의 기원은 아직 정확히 밝혀지지 않았다. 하지만 우리는 이미 마음만 먹으면 공장에서 석유를 합성할 수도 있는 시대에 살고 있다.

1-3 셰일오일의 분해

현대 사회의 주 에너지원은 여전히 석탄, 석유, 천연가스와 같은 화석 연료다. 하지만 최근에는 화석 연료로 인해 발생하는 문제를 피하고, 지속 가능한 사회로 나아가기 위해 대체 에너지 개발에도 힘을 쏟고 있다.

● 비재래식 화석 연료

원자력 에너지 외에도 '신에너지'가 대체 에너지로 주목받고 있다. 바이오매스, 태양열, 풍력과 지열 등을 이용한 에너지가 여기에 속한다. 신에너지는 환경을 해치지 않는다. 다만 생성되는 에너지 양이 부족하다는 문제가 있다.

그래서 최근 들어 비재래식 화석 연료에 사람들의 이목이 쏠리기 시작했다. 비재래식 화석 연료는 화석 연료이기는 하지만 기존의 석탄, 석유, 천연가스와는 형태나 매장 장소가 다르다. 우선 천연가스와 비슷한 메탄가스에는 메탄 하이드레이트, 셰일가스, 탄층 메탄가스, 타이트 샌드가스가 있고, 석유와 비슷한 연료에는 셰일오일과 오일샌드가 있다.

● 셰일오일의 이용

오일샌드는 사암에 스며든 석유 중에서 휘발성 성분이 사라진 잔여물로, 우리가 잘 아는 아스팔트와 비슷한 물질이다. 영어로는 bitumen(역청)이라고도 한다. 반면 셰일오일은 혈암이라고 불리는 퇴적암의 한 종류인 셰일층에 함유된 기름이다. 기름이라고는 하지만 석유는 아니다. 이 기름은 유모(油母)로도 불리는 케로겐(kerogen)이라는 물질이며, 석유가 되지 못한 유기물이다. 그래서 액체가 아니라 고체다. 정확히 밝혀지지는 않았지만 매장량이 원유와 비슷한 양에 달할 것으로 추정된다.

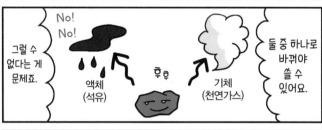

또한 똑같이 셰일층에 있는 물질이라도 메탄을 함유한 셰일가스층은 지하 3,000m의 깊은 곳에 있지만, 셰일오일은 그보다 훨씬 얕은 곳에 묻혀 있어 지표면에서 채굴할 수도 있다.

● 문제는 채굴 방법

문제는 어떻게 채굴해서 사용할 수 있는 연료로 만들 것인가다. 유분이 거의 없는 오일셰일은 그대로는 연료로 쓸 수 없다. 연료로 만들려면 석유와 같은 액체나 천연가스와 같은 기체로 바꿔야 한다.

이와 관련해서 다양한 방법이 연구되고 있는데, 그중 하나로 무산소 상태에서 열을 가해 분해해서 원유 상태로 바꾸는 방법이 있다. 이 원유를 분별 증류²하면 일반 원유와 똑같이 휘발유와 등유로 정제할 수 있다. 오일셰일을 그대로 채굴해서 가열하는 이런 방법도 검토 중이지만, 현재는 지하 암석층을 직접 가열하는 방법이 가장 실현 가능성이 높다. 이 방법을 이용하면 암석층을 가열해서 생성한 기체나 액체 성분만 채굴하면 된다.

그 외에 수소를 첨가하는 방법도 있다. 케로겐의 주성분이 복잡한 **이중 결합**을 가진 **불포화 화합물**이기 때문에 수소를 첨가하면 묽은 액체 상태의 포화 화합물로 만들 수 있다.

다만 어느 방법이든 환경오염이 걱정이다. 케로겐에는 황(S)과 질소(N)가 들어 있다. 황은 연소되면 **황산화물**(SOx)이 되고, 질소는 **질소산화물**(NOx)이 된다. 둘 다 산성비의 원인으로 알려진 물질이며, 질소산화물은 광화학 스모그를 발생시키는 원인이기도 하다.

또한 열분해든 화학 반응이든 일단 대량의 물이 필요하다. 하지만 물을 넣으면 지하수의 수위가 바뀔 수 있고 사용한 폐액은 환경을 오염시킨다. 실제로 지금도 셰일오일의 채굴은 심각한 환경문제를 야기하고 있다. 게다가 셰일오일의 채굴 방법은 다음 순서인 오일샌드 채굴 방법의 참고 사례가 될 수 있으니 더욱 신중해야 한다.

---

2 분별 증류: 액체 성분을 끓는점 차이를 이용해 분리하는 방법

그림 셰일오일을 채굴할 때 황산화물과 질소산화물이 발생할 위험이 있다

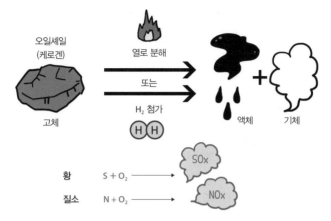

▲ 오일셰일(케로겐) 그대로는 연료로 쓸 수 없기 때문에 무산소 상태에서 열을 가해 분해하여 원유 상태로 만들거나, 수소를 첨가해 포화 화합물(액체)로 바꾸는 방법을 검토 중이다. 다만 이 방법은 환경오염을 초래할 수 있다.

1-4 메탄 하이드레이트의 분해

현대 사회가 전기 에너지로 움직이고 있다는 사실에는 누구나 공감할 것이다. 어쩔 수 없이 원자력 발전으로 만들어 낸 대량의 에너지에 의존해 살고 있지만, 사실 사고 위험을 생각하면 지나친 의존은 피해야 한다. 그래서 인류는 끊임없이 새로운 유형의 화석 연료를 찾고 개발한다. 이번에는 그중 하나인 메탄 하이드레이트에 대해 살펴보자.

● 메탄 하이드레이트

메탄 하이드레이트는 대륙붕 지하 수백 미터에서 1,000m 사이에 분포해 있는 살얼음 상태의 하얀 물체다. 이 물체를 떠서 숟가락에 얹고 불을 붙이면 파란 불꽃을 내며 연소한다. 물론 열도 발생한다.

대륙붕에 존재하는 물질인 만큼 섬나라인 일본 주변에는 메탄 하이드레이트가 대량으로 매장되어 있다. 지금까지 찾아낸 매장량만으로도 천연가스로 환산하면 약 100년분에 달한다. 자원이 부족한 일본에는 땅속에 묻혀 있는 '보물'이나 다름없다.

메탄 하이드레이트는 메탄(CH_4)과 물(H_2O)로 이루어진 물질이다. 15개의 물 분자가 모여서 마치 새장처럼 보이는 기하학적인 구조를 형성하고, 그 중심에 한 개의 메탄 분자가 자리 잡고 있다. 다만 새장을 구성하는 물 분자는 여러 개가 융합되어 있기 때문에 평균적으로 메탄과 물 분자의 비율은 1:5 정도다.

● 메탄 하이드레이트의 연소

메탄 하이드레이트가 연소하면 어떤 일이 생길까? 메탄의 연소와 비교해서 살펴보자.

그림 메탄 하이드레이트의 분자 구조

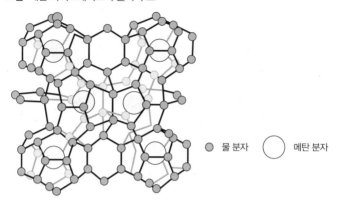

● 물 분자   ◯ 메탄 분자

메탄의 연소 반응: CH_4 + $2O_2$ → CO_2 + $2H_2O$
　　　　　　　　메탄　　산소　　이산화탄소　물

메탄 하이드레이트의 연소 반응:
　$CH_4 \cdot 5H_2O$　+　$2O_2$　→　CO_2　+　$7H_2O$
메탄 하이드레이트　　　산소　　　이산화탄소　　물

　메탄 하이드레이트를 태우면 메탄만 연소되기 때문에 물은 고스란히 남는다. 그대로 가정집 가스레인지에서 사용하면 엄청난 양의 물이 생겨 버린다. 그래서 실제 연료로 사용할 때는 메탄 하이드레이트를 분해해서 물은 제거하고 메탄만 연소시킨다. 이렇게 하면 현재 가정집에서 도시가스로 사용하는 천연가스와 똑같은 상태가 된다.

　$CH_4 \cdot 5H_2O$　→　　CH_4 + $5H_2O$
　메탄 하이드레이트　　　　메탄　　물　━▶ 물은 제거해서 사용한다.

● 메탄 하이드레이트의 채굴

  이러한 사정을 고려해서 메탄 하이드레이트를 채굴할 때는 미리 해저에서 분해한 다음 메탄만 채굴하는 편이 합리적이다. 가열, 감압, 화학적 방법을 비롯해 분해하는 방법도 다양하게 존재한다.

  일본 아쓰미반도 앞바다에서 세계 최초로 시행한 시험 채굴에서는 감압법이 사용됐다. 바닷속 메탄 하이드레이트층에 파이프를 삽입하고 압력을 낮춰 메탄을 분해한 다음 뽑아 올리는 방법이다. 따라서 채굴선에서 하얀 살얼음 형태의 메탄 하이드레이트를 볼 수는 없다.

  여러 방법 중 우리가 주목해야 할 방법은 화학적 방법이다. 그중에서도 메탄 하이드레이트 안에 포함된 메탄(CH_4)을 이산화탄소(CO_2)로 바꾸는 방법이 매우 흥미롭다. 공기 중 이산화탄소의 양을 줄일 수 있고, 메탄가스만 추출할 수도 있으니 두 마리 토끼를 한 번에 잡는 셈이다.

  메탄 하이드레이트 채굴은 아직 시험 단계지만 언젠가는 분명 성공할 것이다. 다만 문제는 비용이다. 현재 천연가스 가격과 비교해 경쟁력을 갖출 정도로 가격을 낮출 수 있을지가 상업화 추진의 관건이 될 것이다.

그림 메탄 하이드레이트 채굴(감압법)

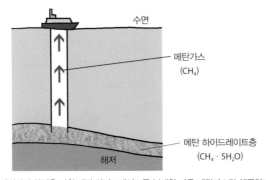

수면

메탄가스
(CH_4)

메탄 하이드레이트층
($CH_4 \cdot 5H_2O$)

해저

▲ 해저에서 압력을 낮춰 메탄 하이드레이트를 분해한 다음 메탄가스만 채굴한다.

1-5 태양전지

에너지 위기를 극복하고자 인류는 신에너지로 눈을 돌리고 있다. 그중에서도 일본은 특히 태양광 에너지 이용에 적극적이다.

● 태양전지의 구조

태양전지는 태양 빛을 직접 전기 에너지로 바꾸는 장치다. 태양전지는 구조에 따라 **실리콘 태양전지**와 유기 **태양전지**(유기 태양전지 칼럼 참고), **화합물 태양전지** 등 다양한 종류로 분류되지만, 기본적으로는 실리콘 태양전지가 가장 많이 쓰인다.

실리콘 태양전지의 원료는 실리콘(규소, Si)이다. 실리콘에 소량의 불순물을 섞어 만든 **불순물 반도체**를 이용하는데, 이때 불순물로 붕소(B)를 첨가하면 p형 반도체가 되고 인(P)을 첨가하면 n형 반도체가 된다.

실리콘 태양전지의 구조는 단순하다. 아래 **그림**과 같이 투명 전극(음극), n형 반도체, p형 반도체, 금속 전극(양극)을 겹쳐서 쌓기만 하면 된다. 두 반도체의 경계면을 pn 접합이라고 하며, 원자 수준으로 밀착되어 있다. 또한 n형 반도체층은 빛이 투과할 정도로 매우 얇다.

그림 실리콘 태양전지의 구조와 발전 원리

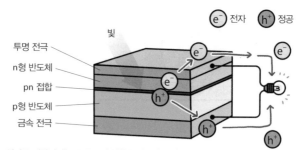

▲ 실리콘 태양전지는 두 종류의 화합물 반도체로 만든다.

● 태양전지의 발전 원리

태양전지를 설치할 때는 투명 전극이 태양 쪽을 향하도록 한다. 빛은 투명 전극에 닿으면 n형 반도체를 통과해 pn 접합 면에 도달하고, 빛 에너지를 받은 pn 접합 면에 전자(e^-)와 전자가 빠진 구멍인 정공(h^+)이 생긴다. 여기서 전자는 n형 반도체층을 지나 투명 전극을 통과해 도선을 따라 흘러 나가고, 반면 정공은 p형 반도체층을 지나 금속 전극을 통과해 도선에 도달한다. 그 후에 전구와 같은 전기 기구에서 전자와 정공이 합쳐져 에너지가 되는 원리다.

● 태양전지의 장단점

태양전지에는 많은 장점이 있다. 우선 앞에서 설명한 대로 가동부 구조가 매우 단순하다. 고장 날 일이 별로 없으니 유지보수가 편하다.

또한 사람이 가기 힘든 곳에도 설치할 수 있다. 무인도의 등대나 바다에 떠 있는 부표, 가로등에 전기를 보내 줄 전신주와 같이 장소를 가리지 않고 어디든 설치할 수 있다. 생산한 전기를 그 장소에서 바로 소비할 수 있어(지산지소, 地産地消) 송전으로 인한 손실이 없는 발전 설비이기도 하다. 심지어 발전으로 인한 폐기물도 생기지 않는 친환경 에너지다.

그림 직접 만들어 직접 소비할 수 있는 태양광 발전

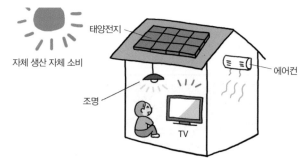

▲ 태양전지의 장점 중 하나는 내 집에서 생산한
전기를 내 집에서 사용할 수 있다는 점이다.

물론 단점도 있다. 일단 비용이 만만치 않다. 원료인 실리콘은 지구상에서 산소 다음으로 많이 존재하는 원소이니 고갈될 우려는 없지만, 높은 순도가 요구되기 때문에 가격이 비싸진다. 태양전지에는 '세븐나인'이라고도 불리는 순도 99.99999%의 실리콘이 필요하다. 이 정도의 순도를 얻으려면 고가의 설비와 대량의 전력이 필요하다 보니 결국 가격이 비싸질 수밖에 없다.

또한 태양 에너지의 몇 %를 전기 에너지로 바꿀 수 있는지를 나타내는 지표인 '전력 변화효율'도 그다지 높지 않다. 고가의 단결정 실리콘을 사용하면 그나마 효율을 25% 정도로 높일 수 있지만, 합리적인 가격을 위해 다결정 실리콘을 사용한 보급형 태양전지의 효율은 17% 정도에 그친다. 양자점 태양전지와 탠덤(tandem)형 태양전지를 사용하면 효율이 최대 60%에 달한다고 하지만 아직은 연구 단계다.

그림 고가인 단결정 실리콘

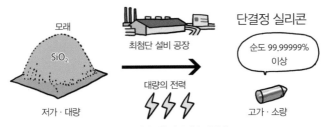

▲ 매장량 자체는 충분하지만 고순도 실리콘을 만들기가 어렵다.

1-6 수소연료전지

엔진과 모터를 같이 사용하는 하이브리드차가 처음 등장했을 때 성능, 그중에서도 특히 연비 효율이 높다는 점에서 시장의 눈길을 사로잡았다. 그리고 시대적 흐름에 따라 요즘은 아예 수소연료전지를 사용해 모터만으로 움직이는 전기 자동차가 대세로 올라섰다.

● 전지란

수소연료전지는 전지의 일종이다. 그렇다면 전지란 무엇일까?

전지는 전기 에너지를 생성하는 장치이며 그 종류 또한 다양하다. 그중 가정에서 주로 사용하는 건전지나 리튬 전지와 같이 화학 반응 에너지를 전기 에너지로 바꾸는 전지를 일반적으로 화학 전지라고 하며, 수소연료전지도 여기에 속한다.

● 전기 에너지란

전기 에너지는 전류를 통해 움직인다. 전류는 전자(기호 e)의 흐름을 의미하는데, 예를 들어 전자가 A에서 B로 이동하면 '전류가 B에서 A로 흘렀다'라고 표현한다.

전자는 원자를 구성하는 요소다. 수소나 산소를 비롯한 모든 물질은 원자로 되어 있으며 모든 원자는 원자핵과 전자로 구성된다. 여기서 전자가 이동할 때 발생하는 에너지가 전기 에너지, 즉 전력이다.

● 수소연료전지란

그렇다면 수소연료전지는 어떻게 전기 에너지를 만들까? 수소연료전지는 이름에서 알 수 있듯이 수소(H_2)를 태울 때 일어나는 화학 반응에서 발

생하는 에너지, 흔히 **연소열**이라고 부르는 에너지를 전기 에너지로 바꾼다. 여기서 태운다는 것은 산소(O_2)와 반응시킨다는 의미다. 따라서 수소연료전지에서 일어나는 반응은 다음과 같이 단순하다.

$$2H_2 \ + \ O_2 \ \rightarrow \ 2H_2O$$
수소   산소   물

하지만 단순히 수소를 태운다고 해서 전기가 생길 리 없고, 잘못하면 대형 폭발이 일어날 위험도 있다. 그래서 수소연료전지에는 이 반응에서 발생한 에너지를 전력으로 바꾸는 특별한 아이디어가 들어가 있다.

아래 **그림**은 수소연료전지의 구조를 간단히 보여 준다. 그림을 보면 전극이 백금(platinum)으로 되어 있다. 여기서 백금은 촉매 역할도 겸한다.

수소가스가 음극에 있는 백금과 반응하면 수소는 수소 이온(H^+)과 전자(e^-)로 분해된다. 이중 전자는 전지 외부에 있는 도선을 통해 양극으로 이동하고, 이 흐름을 전류라 한다.

한편 수소 이온은 전지 내부의 **전해질** 용액을 통과해 양극으로 이동한다. 각자 양극으로 이동한 전자와 수소 이온이 산소와 반응해 물이 되고 에

그림 수소연료전지의 구조

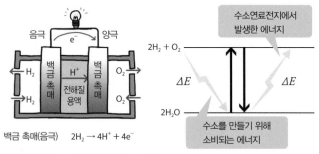

백금 촉매(음극) $2H_2 \rightarrow 4H^+ + 4e^-$

백금 촉매(양극) $4H^+ + O_2 + 4e^- \rightarrow 2H_2O$

▲ 수소연료전지에서 발생하는 에너지는 전기 분해로 수소를 발생시킬 때 필요한 에너지와 같다.

너지가 발생한다.

　이것이 수소연료전지에서 전기가 생성되는 원리다. 그리고 이 원리에서 알 수 있듯이 수소연료전지는 반응으로 생성되는 폐기물이 물뿐인 친환경 에너지다.

⬤ 수소연료전지의 문제점

　지금까지의 설명만 보면 수소연료전지는 최고의 에너지원이다. 하지만 사실 수소연료전지에도 문제는 있다.

　① 우선 연료인 수소가 자연에는 거의 존재하지 않는다. 수소는 인간이 만들어야 하며 기본적으로 물을 전기 분해해서 만든다. 이 수소를 다시 물로 바꿔서 전기 에너지를 얻는 방식이기 때문에 일단 수소를 얻으려면 전기 에너지가 필요하다. 이 모순을 해결하려면 전기 분해 외에 수소를 쉽고 편하게 생성할 수 있는 방법이 필요하다.

　② 또한 수소는 폭발성이 있는 기체다. 정전기로 자칫 작은 불씨라도 생기면 폭발할 수 있어 매우 위험하다. 따라서 수소를 운반할 때나 저장하는 공간에는 철저한 주의가 필요하다.

　③ 백금도 문제다. 귀금속에 해당하는 백금은 매장량으로 보면 금보다도 희귀한 금속으로, 현재 1g당 약 5만 2,000원에 달할 만큼 가격도 비싸다. 백금을 대신할 촉매 개발도 필요한 상황이다.

1-7 금속 화재-마그네슘 화재

2014년 5월 27일 도쿄 마쓰다시에 있는 한 금속 가공 공장에서 화재가 발생했다. 자동차 휠을 제조하는 공장이었는데, 제조 공정에서 발생한 금속 절삭 부산물(chip)에 불이 붙어 화재로 이어졌다.

● 금속도 탈까

금속이 탄다니, 그게 가능한 일일까? 동전이나 식칼, 숟가락, 알루미늄 창틀을 비롯해 우리 주변에는 수많은 금속 제품이 있다. 그리고 우리는 보통 이런 금속들은 불에 타지 않는다고 생각한다. 하지만 금속에 불이 붙는 일은 결코 신기한 현상이 아니다.

교과서에도 등장하는 내용이라 이미 과학 시간에 직접 실험해 본 사람도 있겠지만, 철은 불에 탄다. 철 수세미처럼 가느다란 철을 입구가 넓은 유리병에 넣고 산소를 집어넣은 후에 성냥으로 불을 붙이면 철은 빛을 내며 활활 타오른다.

그림 금속도 탈까?

철 수세미는 탄다.

금속을 대표하는 철도 산소가 있으면 불에 탄다.

$$4Fe + 3O_2 \rightarrow 2Fe_2O_3$$
철   산소   산화철

    심지어 칼륨(K)은 공기 중에 놓아 두기만 해도 불이 붙는다. 그래서 칼륨을 보관할 때는 공기와 접촉하지 않도록 석유에 담가 두어야 한다. 고속증식로[3]의 냉각재로 사용하는 나트륨(Na)도 마찬가지다.

    요즘 고성능 자동차 휠은 경량화를 위해 주로 알루미늄 합금이나 마그네슘 합금으로 제작하는데, 알루미늄(Al)과 마그네슘(Mg)은 둘 다 철보다 불에 잘 타는 금속이다. 특히 마그네슘은 불에 굉장히 잘 탄다.

$$2Mg + O_2 \rightarrow 2MgO$$
마그네슘   산소   산화마그네슘

● 물과 반응하면 폭발하는 금속

    마그네슘은 가는 선이나 가루 형태가 되어 표면적이 넓어지면 물에 젖기만 해도 불이 붙는다. 금속을 조심해서 다뤄야 하는 이유는 이처럼 물에 젖기만 해도 불이 붙고, 심지어 타는 동안 수소까지 발생하기 때문이다.

$$Mg + 2H_2O \rightarrow Mg(OH)_2 + H_2$$
마그네슘   물   수산화마그네슘   수소

$$2H_2 + O_2 \rightarrow 2H_2O$$
수소   산소   물

    수소는 수소연료전지의 연료로 주목받는 에너지원이지만, 동시에 폭발성이 있어 위험한 기체이기도 하다.

---

3   고속증식로: 플루토늄을 이용한 원자로. 핵반응의 연료로 사용한 플루토늄보다 더 많은 플루토늄이 재생산된다.

그렇다면 불이 붙은 금속, 예를 들어 불이 붙은 마그네슘에 물을 뿌리면 어떻게 될까? 뜨거워진 마그네슘은 기다렸다는 듯이 바로 물과 반응해 수소를 발생시키고, 그 수소에 불이 붙으면 대폭발이 일어난다. 금속 화재는 우리의 상상 이상으로 무서운 사고다.

● 금속 화재의 진압

금속 화재가 발생했을 때 물을 뿌려서 불을 끌 수 없다면 소방대원들은 어떻게 대처할까?

사실 직접적인 소화 활동은 하지 않는다. 불길이 더 이상 번지지 않도록 막으며 금속이 다 타서 자연적으로 진화되기를 기다리는 수밖에 없다. 실제로 2012년 5월 27일에 일본 기후현 도키시에 있는 공장에서 화재가 발생했을 때도 보관 중이던 마그네슘 200톤이 다 타는 데 꼬박 6일이나 걸렸다.

나 역시 화학자이다 보니 예전에 마그네슘이나 리튬(Li), 나트륨과 같이 불에 잘 타는 금속을 다룬 적이 있다. 당시 화재에 대비하기 위해 연구실 한쪽 구석에 마른 모래가 담긴 나무 상자와 석면(asbestos)으로 만든 담요를 준비해 두었다. 만약 화재가 발생하면 모래를 뿌리고 석면 담요를 덮어서 불이 번지지 않도록 한 다음 금속이 다 탈 때까지 기다리는 것이 최선이었다.

그림 금속 화재 대처법

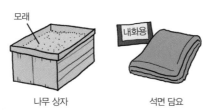

모래

내화용

나무 상자   석면 담요

▲ 금속 화재가 발생하면 금속이 다 타서 불이 꺼지기를 기다리는 수밖에 없다.

1-8 다이아몬드의 생성

다이아몬드는 높은 굴절률과 강한 강도를 가진 보석이다. 가격으로도 최고 수준에 속한다. 하지만 원소라는 관점에서 보면 그저 탄소일 뿐이다. 그을음이나 흑연과 똑같은 물질이다. 1950년대 미국의 디지털산업 기업인 제너럴일렉트릭(General Electric: GE)과 스웨덴의 한 전기회사에서 탄소를 이용한 다이아몬드 합성에 성공했지만, 당시 합성 다이아몬드를 제조하려면 수만 기압과 수천 도의 고온이라는 가혹한 조건이 필요했다.

● 다이아몬드란

탄소는 다른 물질과 결합할 수 있는 손을 네 개나 가진 원소다. 탄소는 탄소끼리 결합할 수 있고, 심지어 그 연결을 무한대로 넓힐 수도 있다. 이런 특징 때문에 탄소만으로 이루어진 화합물(홑원소 물질)에는 독특한 구조의 물질들이 있다.

우선 철망으로 만들어진 새장처럼 육각형 모양의 탄소 구조가 연속으로 이어진 판이 여러 층으로 겹쳐 있는 형태의 화합물이자, 연필심으로 잘 알려진 흑연(graphite)이 있다. 또한 이 판을 둥글게 말아 긴 원통 모양으로 만든 형태인 카본나노튜브가 있고, C_{60} 풀러렌은 60개의 탄소 원자로 이루어져 마치 축구공처럼 구체 형상을 띤 화합물이다. C_{60} 풀러렌은 1985년 처음 발견되었고, 이 화합물을 발견한 세 명의 과학자는 1996년에 노벨 화학상을 받았다.

일반적으로 탄소 화합물은 단일결합(하나의 공유결합)과 이중결합(두 개의 공유결합)이 번갈아 반복되는 형태를 띠지만, 다이아몬드는 단일결합만으로 구성되어 있다.

다이아몬드는 탄소나 마찬가지이고,
유골에도 탄소가 남아 있다.

그림 탄소만으로 이루어진 화합물(홑원소 물질)

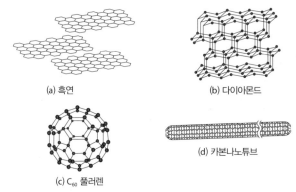

(a) 흑연

(b) 다이아몬드

(c) C$_{60}$ 풀러렌

(d) 카본나노튜브

▲ 탄소의 동소체에는 다이아몬드를 비롯해 다양한 종류의 물질이 있다.

● 합성 다이아몬드 제조법 – HPHT법

예전부터 다이아몬드는 탄소가 고온 고압의 땅속에서 변형되어 만들어 진다고 생각했다. 다시 말해 해당 조건만 재현하면 그을음이나 흑연으로도 다이아몬드를 만들 수 있다는 뜻이지만, 해당 조건을 맞추는 일이 그리 쉽 지 않았다. 19세기 후반에는 철 덩어리 속에 탄소를 집어넣고 높은 온도로 가열한 다음 물을 투입해 급하게 냉각시키는 방법을 썼지만, 이 방법은 폭 발 가능성이 있어서 위험했다.

합성 다이아몬드 제작과 관련해서는 영국 화학자 제임스 헤네이(James B. Hannay)와 노벨 화학상을 받은 프랑스 화학자 앙리 무아상(Henri Moissan)의 실험이 유명하다. 하지만 무아상의 실험은 계속되는 실패에 지 쳤던 담당 조수가 성공하면 실험을 끝낼 수 있다는 기대에 시판 다이아몬 드를 섞었다고 한다. 또한 헤네이가 합성한 다이아몬드도 천연 다이아몬드 일지 모른다는 의혹이 제기됐고, 진위는 명확하게 가려지지 않았다.

그에 반해 제너럴일렉트릭과 스웨덴의 한 전기회사가 개발한 방법은 재 현성이 증명됐고 그 후에도 개선을 거듭했다. 덕분에 지금은 공업 현장에 서 대량의 합성 다이아몬드를 쓸 수 있게 됐다. 이 방법이 고온고압법(High

Pressure High Temperature), 일명 HPHT법이다.

● 기타 합성법

최근에는 **화학기상 증착법**(Chemical Vapor Deposition: CVD)이 주목받고 있다. 화학기상 증착법은 탄소를 플라스마 상태로 바꿔서 기판 위에 탄소 원자를 쌓는 방법으로, 이 방법을 활용하면 다이아몬드를 얇은 막 형태로 만들 수 있다. 화학기상 증착법이 개발되면서 전자 장치의 방열에 활용하는 새로운 용도의 다이아몬드도 개발할 수 있었다.

또한 HPHT법으로 제조한 다이아몬드는 한 개의 다이아몬드가 한 개의 결정으로 이루어진 단결정 다이아몬드지만, CVD법으로 제조하면 수많은 작은 결정이 모인 다결정 다이아몬드를 만들 수 있다.

현재 다결정 다이아몬드로는 일본의 에히메대학에서 개발한 '히메다이아'가 주목받고 있으며, 나노 수준의 미세 다이아몬드 결정을 모아 만드는 히메다이아는 현재 지름 1cm 크기의 다이아몬드를 합성하는 것까지 성공했다. 다결정이기 때문에 보석으로 사용할 수는 없지만, 경도는 단결정 다이아몬드보다 강해 공업용으로 기대를 모으고 있다.

그림 세계에서 가장 큰 다이아몬드

▲ 세계에서 가장 큰 다이아몬드는 약 3,106캐럿에 달하는 컬리넌 원석이다. 이 원석은 벽개 성질(결정이나 암석을 특정 방향으로 쪼개는 성질)을 이용해서 연마해 영국 왕실의 왕관과 왕홀 장식에 쓰였다.

지방산의 수소화

지방을 가수분해하면 글리세린과 지방산으로 나뉜다. 이때 지방산의 탄소 사슬 부분에 불포화 결합인 이중결합이나 삼중결합이 있으면 **불포화 지방산**, 없으면 **포화 지방산**이라고 한다. 불포화 지방산은 수소를 첨가하면 쉽게 포화 지방산으로 바꿀 수 있다. 다만 이 과정에서 자연계에 존재하지 않는 지방산이 발생한다.

● 경화유

일반적으로 동물성 기름은 포화 지방산에 속하며 상온에서는 고체 상태로 존재한다. 반면 식물이나 어류의 기름은 불포화 지방산이며 상온에서 액체 상태다. 동물성 기름으로는 돼지기름(lard)이나 소기름(vet), 식물성 기름으로는 콩기름이나 참기름이 있다.

또한 생선에 들어 있다고 알려진 IPA(icosapentaenoic acid: EPA)와 DHA(docosahexaenoic acid)도 불포화 지방산이며, 각각 다섯 개와 여섯 개의 이중결합을 가진다.

불포화 지방산을 포함한 액체 상태의 기름에 수소를 첨가해서 불포화 결합의 일부를 단일결합으로 바꾸면 액체였던 기름이 고체로 변한다. 이 기름을 **경화유**(硬化油)라고 하며 마가린, 쇼트닝, 팻 스프레드가 여기에 속한다.

● 트랜스지방산

또한 이중결합은 결합한 탄소 사슬의 위치에 따라 **시스**(cis)형과 **트랜스**(trans)형으로 나뉜다. 시스형과 트랜스형은 분자를 구성하는 원자의 종류와 개수, 즉 분자식은 같다. 단지 원자의 배열만 일부 다르다. 이와 같은 화합물을 **이성질체**(isomer)라고 한다.

그림 트랜스형과 시스형의 차이

트랜스형(엘라이드산)

시스형(올레인산)

▲ 이중결합에서 같은 원자가 같은 쪽에 있으면 시스형이고, 반대쪽에 있으면 트랜스형이다.

위 **그림**은 같은 분자식을 가진 지방산의 시스형 구조와 트랜스형 구조를 보여 준다. 시스형은 '올레인산'이라고도 하며 주로 천연 기름에 들어 있고, 트랜스형인 '엘라이드산'은 천연 기름에는 거의 들어 있지 않다.

그림을 보면 시스형은 구부러져 있지만 트랜스형은 직선 형태다. 트랜스 이중결합을 가진 지방산을 특별히 **트랜스지방산**이라고 하는데, 바로 이 트랜스지방산이 문제가 된다.

● 트랜스지방산의 생성

천연 지방산에 존재하는 불포화 지방산은 대부분 시스형이다. 트랜스형은 예외적으로 소나 염소 같은 되새김동물의 고기나 지방에 2~5% 정도 들어 있을 뿐이다. 따라서 버터에도 시스지방산이 훨씬 많다.

자료 가열로 인한 리놀레산의 변화

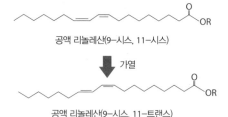

공액 리놀레산(9–시스, 11–시스)

가열

공액 리놀레산(9–시스, 11–트랜스)

▲ 시스형은 가열하면 쉽게 트랜스형으로 바뀐다.

다만 구조적으로 보면 시스형보다 트랜스형이 더 안정적이기 때문에 앞 **자료**에 제시한 리놀레산의 예처럼 열을 가해 조리하는 과정에서 시스지방산이 트랜스지방산으로 변하기도 한다. 그뿐만 아니라 기름을 오래 보관했을 때도 산소에 의해 시스형이 트랜스형으로 변할 수 있다.

● 트랜스지방산이 미치는 영향

문제는 경화유를 만드는 과정에서 발생하는 트랜스지방산이 우리의 건강에 안 좋은 영향을 미친다는 사실이다. 불포화 지방산에 수소를 첨가해 이중결합 일부를 포화 지방산으로 바꿨다고 해도 여전히 이중결합이 남아 있기 때문에 해당 지방산은 불포화 지방산이다. 게다가 이 과정에서 불포화 지방산의 이중결합이 트랜스형으로 변하기도 한다. 그래서 경화유를 사용한 제품에는 최소 몇 %에서, 많게는 10% 이상의 트랜스지방산이 들어가게 된다.

트랜스지방산은 일정량 이상 섭취하면 흔히 나쁜 콜레스테롤이라 불리는 LDL 콜레스테롤을 증가시켜 심장 질환 발생 위험도를 높일 수 있기 때문에 우리 몸에 미칠 영향을 걱정하지 않을 수 없다. 이런 이유로 2003년 이후 트랜스지방이 들어 있는 제품의 사용을 규제하는 국가가 점차 늘고 있지만 일본은 아직 특별히 규제 방침이 없는 상황이다.

1-10 플라스틱 재활용

플라스틱의 원료는 석유다. 따라서 화석 연료의 고갈을 걱정해야 하는 현대에는 플라스틱 또한 아끼고 소중히 사용해야 하는 자원이다. 그래서 우리는 플라스틱을 재활용한다.

● 재활용의 종류

재사용

예전부터 우리의 생활 속에는 재활용 문화가 자연스럽게 녹아 있었다. 해진 옷에 천을 덧대 꿰매 입었고, 공부할 때 썼던 종이는 창호지로 활용했다. 술병은 깨지기 전까지 수십 번을 재사용했고 심지어 사람의 배설물까지 비료로 다시 사용했다.

비료는 조금 다른 차원의 이야기이기는 하지만, 아무튼 이처럼 같은 제품을 반복해서 다시 사용하는 재활용을 재사용(reuse)이라고 한다. 현재 가장 많이 재사용되는 물품은 역시 소주병과 맥주병이다.

열적 재활용

종이나 플라스틱은 쉽게 불에 탄다. 불에 태우면 일단 형체가 사라지기 때문에 재활용이 아니라고 생각할 수도 있지만 사실 그렇지 않다. 태울 때 발생하는 열을 잘 활용하면 이 또한 훌륭한 재활용이다. 쓸모없어진 플라스틱을 태워서 재활용하는 방법을 열적 재활용(thermal-recycle)이라고 한다.

물질 재활용

우리가 재활용이라는 말을 듣고 가장 먼저 떠올리는 일반적인 방법은 물

질 재활용(material-recycle)이다. 플라스틱 제품을 재활용해서 다른 제품으로 만드는 방법을 말한다. 예를 들면 비닐 제품을 녹여서 화분으로 재활용하는 것이다.

화학적 재활용

화학이 능력을 발휘하는 분야가 바로 **화학적 재활용**(chemical-recycle)이다. 플라스틱을 분해해서 원래의 단위분자 상태로 되돌린 다음 다시 이용하는 방법이다. 예를 들어 페트병의 재료인 페트(pet)의 단위분자는 에틸렌글리콜과 테레프탈산이다.

먼저 페트병을 유기용매로 녹여 용액으로 만들고 화학 약품을 첨가해 에틸렌글리콜과 테레프탈산으로 분해한다. 그다음 두 원료를 각각 독립된 분자 형태로 하여 다른 화학 반응의 원료로 사용하는 방법이다.

다만 아직은 에틸렌글리콜과 테레프탈산이 주로 페트병 제조에 쓰이다 보니 결국 다시 페트로 합성되는 경우가 대부분이다.

● 재활용의 비교

앞에서 설명했듯이 화학적 재활용은 유기용매와 화학 약품, 그리고 반응 장치와 에너지까지 들여서 플라스틱을 다시 플라스틱으로 만드는 방법이다. 게다가 분해할 때 사용하는 화학 약품에 불순물이 섞이면 다음 반응의 원료로 사용할 수 없어서 플라스틱을 종류별로 엄격하게 분류해야 한다.

그래서 가능하면 재사용하고, 재사용이 어려우면 물질을 재활용한 다음, 화학적 재활용 단계는 건너뛰고 바로 열적 재활용으로 넘어가기도 한다.

자료 화학적 재활용

페트(polyethylene terephthalate)

에틸렌글리콜   테레프탈산

그림 페트병의 다양한 재활용 방법

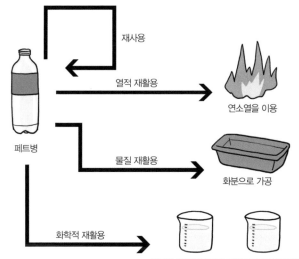

재사용

열적 재활용

페트병

연소열을 이용

물질 재활용

화분으로 가공

화학적 재활용

원료인 에틸렌글리콜과 테레프탈산으로 환원

▲ 근본적인 재활용 방법은 화학적 재활용이지만 비용 대비 효과가 미미하다. 결국 고전적이지만 가장 현실적인 방법은 열적 재활용이다.

유기 태양전지

일반적으로 태양전지라고 하면 앞에서 설명한 실리콘 태양전지를 의미한다. 하지만 최근에는 실리콘 대신 유기 화합물을 사용한 유기 태양전지가 주목받고 있다. 유기 태양전지는 원리에 따라 유기 박막 태양전지와 일명 그레첼 태양전지라고도 하는 염료 감응형 태양전지로 나뉜다.

유기 태양전지는 가볍고 유연성이 좋아 제조하기 편하고 가격이 저렴하다는 장점이 있다. 다만 내구성이 떨어지고, 변환 효율이 10% 이하 수준으로 실리콘 태양전지보다 훨씬 낮다.

하지만 가볍고 유연한 데다 색깔까지 자유롭게 선택할 수 있어서 실내에서 사용하는 일상용품에 활용하기 안성맞춤이다 보니 이미 실용화된 제품도 있다. 앞으로 유기 태양전지의 활용이 활발해지면 망토나 판초 스타일의 의류 또는 자동차 외부 곡면에 붙이는 태양전지와 같이 다양한 아이디어가 나와 지금까지의 실리콘 태양전지로는 불가능했던 일들이 점차 가능해질 것이다.

제2장

우리 주변의
화학 반응

우리 주변에는 많은 화학 물질이 존재한다. 그리고 화학 물질의 가장 큰 특징은 변한다는 점이다. 단순히 다른 화학 물질로 변하는 것만이 아니다. 화학 물질의 변화는 반드시 에너지의 이동을 동반한다. 이동하는 에너지가 열에너지라면 주변을 따뜻하게 하거나 시원하게 만들고, 전기 에너지라면 전구를 켜고 모터를 돌린다. 어떤 의미에서 우리가 사는 세상은 그 자체가 '화학 반응 실험실'인 셈이다.

2-1 건전지

만약 전지가 없었다면 우리가 지금처럼 휴대폰을 쓸 수 있었을까? 이제 전지는 명실상부한 현대인의 필수품이고, 그만큼 종류도 다양하다. 그중 가정집에서 주로 사용하는 전지는 건전지다. 굵은 D 사이즈부터 가느다란 AAA 사이즈까지, 네 가지 사이즈가 주로 쓰인다.

● 과거의 전지

전지란 전류와 전기 에너지를 생성하는 장치다. 최초의 전지는 전기가 통하는 전해질 용액에 서로 다른 두 가지 금속 막대를 꽂아 넣은 형태였다.

볼타 전지(voltaic cell)라 불리는 이 전지가 묽은 **황산**(H_2SO_4) 용액에 전극이 될 **아연**(Zn)과 **구리**(Cu)판을 꽂아 넣은 최초의 전지였다. 일반적으로 금속은 전자를 방출하는 성질을 가졌지만, 성질의 세기에는 각각 차이가 있다. 아연은 전자를 방출하는 성질이 강하고 구리는 약하다. 따라서 볼타 전지에서 일어나는 화학 반응을 살펴보면 아연에서 전자(e^-)가 방출되고, 도선을 따라 전류가 흘러 구리 쪽으로 이동하면서 용액 안에 있는 수소 이온(H^+)과 반응해 수소(H_2)가 생성된다.

$$Zn \rightarrow Zn^{2+} + 2e^-$$
아연   아연 이온   전자

$$2e^- + 2H^+ \rightarrow H_2$$
전자   수소 이온   수소

참고로 전자를 방출하는 쪽(아연)을 음극(-), 전자를 받아들이는 쪽(구리)을 양극(+)이라고 한다.

이게 어디가 틀렸는지 모르겠어.

'缶(관)'이 아니라 '乾(건)'이에요.

缶電地

그래? 긴 관처럼 생겨서 난 이건 줄 알았지.

아니거든요!

원래 전지는 액체에 금속 막대를 꽂아 넣은 형태였어요.

그 액체를 고체로 만든 것이 건전지랍니다.

전해질 용액

즉

물

이 아니라

마른 것

이라고 생각하면 돼요!

그렇군!

음음

乾電地

여기도 틀렸잖아.

그걸 놓쳤다니... 부끄럽네...

池

맞아! 저수지처럼 전기를 모아 두니 池가 맞겠다.

그림 볼타 전지의 구조

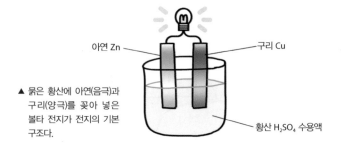

아연 Zn

구리 Cu

▲ 묽은 황산에 아연(음극)과
구리(양극)를 꽂아 넣은
볼타 전지가 전지의 기본
구조다.

황산 H_2SO_4 수용액

● 전지의 왕 '야이 사키조'

전해질 용액을 사용하는 볼타 전지는 습식 전지다. 반면 전해질 용액 대신 염화암모늄(NH_4Cl)으로 만든 전해질 페이스트와 탄소 가루를 사용하면 건전지가 된다.

건전지는 1885년에 독일인 카를 가스너(Carl Gassner)가 발명했다고 알려졌지만 사실 일본에도 독자적으로 건전지를 발명한 사람이 있었다. 시계 기술자인 야이 사키조(屋井先蔵)다. 발명한 시기는 알려지지 않았지만 가난했던 사키조는 특허를 신청할 경제적 여유가 없었고, 당시 일본 사람들은 그의 건전지를 거들떠보지도 않았다.

그러다 1892년 도쿄대학교 이학부가 시카고 만국 박람회에 사키조가 발명한 건전지를 출품하면서 세계적인 주목을 받았다. 이를 계기로 1893년 특허를 취득했고 1894년 벌어진 청일전쟁에서 통신용 전원으로 사용되며 세상의 빛을 보게 되었다.

● 건전지의 화학 반응

건전지의 화학 반응은 습식 전지와 비슷하다. 음극은 똑같이 아연이고 양극은 전해질 페이스트 속에 섞인 이산화망가니즈(MnO_2, 단 망가니즈는 Mn^{4+})다. 화학 반응을 살펴보면 아연에서 방출된 전자가 이산화망가니즈로 이동하면서 전류가 흐른다.

$$Zn \rightarrow Zn^{2+} + 2e^-$$
아연   아연 이온   전자

$$2e^- + Mn^{4+} \rightarrow Mn^{2+}$$
전자   망가니즈(Ⅳ) 이온   망가니즈(Ⅱ) 이온

건전지의 양극은 탄소로 되어 있지만 탄소는 전기를 모으기만 할 뿐 화학 반응에는 관여하지 않는다. 우리가 아는 보통의 건전지는 이런 구조로 되어 있으며 정식 명칭은 **망가니즈 건전지**다. 그 외에 전해질로 수산화칼륨(KOH) 수용액을 사용하는 **알칼리 망가니즈 건전지(알칼리 건전지)**가 있다.

보통 단시간에 큰 전력이 필요할 때는 망가니즈 건전지보다 용량이 큰 알칼리 건전지를 쓰고, 시계처럼 장시간 저전력이 필요할 때는 일반적으로 망가니즈 건전지를 사용한다. 이처럼 용도에 따라 적절하게 구분하면 건전지를 효율적으로 사용할 수 있다.

그림 망가니즈 건전지의 구조

+

탄소봉(양극단자)

양극 소재
(MnO_2, 흑연, 포화전해액)

분리막
(김 바르듯이 전해액을 칠한 종이)

아연 용기
(음극)

−

▲ 건전지는 전해액에 해당하는 부분을 고체인 분리막으로 대체했다.

2-2 표백제

색에는 3원색이 있다. 물감으로 말하자면 '노랑, 빨강, 파랑'[4]색을 가리킨다. 이 3원색을 적절한 비율로 섞으면 거의 모든 색을 표현할 수 있지만, 몽땅 넣고 섞어 버리면 검은색이 된다. 그리고 색과 마찬가지로 빛에도 '적, 녹, 청'의 3원색이 존재한다. 빛의 3원색을 모두 섞으면 색이 사라지고 밝은 태양 빛이 된다.

● 색이란

물체의 색은 물체가 내는 빛의 색이 아니다. 일반적으로 물체는 빛을 내지 않고 오히려 빛을 흡수한다. 이 현상을 **광흡수**라고 하며 이를 통해 물체가 가진 색의 바탕이 만들어진다.

우리가 물체를 볼 수 있는 이유는 물체에 닿은 빛이 반사되어 우리의 눈으로 들어오기 때문이다. 그래서 빛이 없는 어두운 곳에서는 물체가 보이지 않는다. 다만 물체는 받은 빛을 100% 반사하지는 않는다. 62쪽 **그림**에서와 같이 특정 색의 빛은 흡수하고 남은 빛만 반사한다.

그렇다면 태양 빛에서 붉은색만 흡수했을 때 남은 빛은 어떤 색으로 보일까? 이 질문의 답은 **색상환**을 보면 알 수 있다. 무색의 빛에서 특정 색 A를 제거하면 남은 빛은 색상환에서 A의 반대편에 있는 B의 색으로 보인다. 이때 B를 A의 보색이라고 하며, 당연히 A도 B의 보색이다. 따라서 무색의 빛에서 청록색의 빛을 제거하면 남은 색은 청록색의 보색인 빨간색으로 보인다.

---

4   색의 3원색: 정확히는 노란색(yellow), 자홍색(magenta), 청록색(cyan)이다.

'표백'은 없애는 것이 아니라!

보이지 않게 할 뿐이다!

응? 무슨 소리야?
새로운 속담인가?

도대체
무슨 소리야?

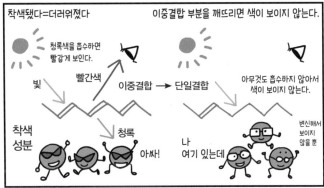

착색됐다=더러워졌다

이중결합 부분을 깨뜨리면 색이 보이지 않는다.

청록색을 흡수하면
빨갛게 보인다.

빛

빨간색

이중결합 → 단일결합

아무것도 흡수하지 않아서
색이 보이지 않는다.

착색
성분

청록

아싸!

나
여기 있는데

변신해서
보이지
않을 뿐

하지만 사실 이것만으로는
새하얗게 보이지 않는다고요!

그래서 형광표백제가
나온 거죠.

그, 그래서
어쩌라고.

아직도 무슨 말인지
모르겠어.

전혀 이해
안 됨

형광표백제는 푸르스름한
빛(형광)을 내는 염료예요.

쉽게 말해서 푸르스름한 빛이 새하얗게
보이는 성질을 이용한 '위장'이라고요!

숨어 있지롱~

아~ 그렇구나.

뭐야
속았잖아.

그림 색이 보이는 원리

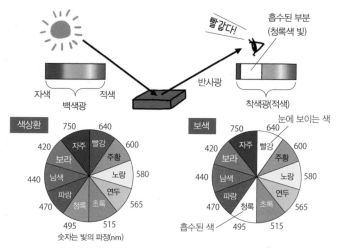

▲ 백색광에서 청록색 빛을 제거하면 남은 빛은 청록의 보색인 빨간색으로 보인다.

● 물체의 색

앞에서는 물리적인 이야기를 했지만 지금부터는 화학에 관해 이야기해 보자. 물체는 분자의 집합체이며 분자 속에는 **이중결합**을 가진 부분이 존재 한다. 특히 이중결합과 **단일결합**이 번갈아 이어진 결합을 **공액 이중결합**이 라고 한다. 세 개의 이중결합과 세 개의 단일결합이 번갈아 연결된 고리 구 조인 벤젠의 결합구조가 전형적인 공액 이중결합이다.

공액 이중결합은 빛을 흡수하는 성질이 있다. 이때 흡수하는 빛의 색은 공액 이중결합의 길이에 따라 결정되는데, 공액 이중결합의 길이가 짧으면 가시광선을 흡수할 수 없기 때문에 색이 나타나지 않고, 반대로 길이가 길 면 길이에 따라 빨강, 노랑, 녹색, 청색과 같이 색이 변한다.

● 표백제

표백은 오염된 색을 제거하는 행위를 말한다. 앞의 설명을 이해했다면

자료 표백의 원리

표백을 위해서는 오염 분자의 긴 공액 이중결합을 끊어 짧게 만들면 된다는 사실을 알았을 것이다. 이것이 표백제의 역할이다. 결합을 끊으려면 공액 이중결합을 구성하는 이중결합을 단일결합으로 바꿔야 하며, 이중결합에 산소나 수소를 결합시켜서 간단히 바꿀 수 있다. 이때 산소를 이용하면 **산화표백제**, 수소를 이용하면 **환원표백제**라고 한다.

산화표백제에는 주로 염소를 사용한다. 대표적인 사례로 **하이포아염소산나트륨**($NaClO$)을 이용한 화학 반응을 살펴보자. 이 반응에서 발생하는 발생기의 산소가 이중결합을 끊는다.

$$NaClO \rightarrow NaCl + [O]$$
하이포아염소산나트륨   염화나트륨 (발생기의 산소)

환원표백제에는 주로 **아이티온산 나트륨**($Na_2S_2O_4$)을 사용하고, 이때도 마찬가지로 발생기의 산소가 이중결합을 끊는다.

$$Na_2S_2O_4 + 4H_2O \rightarrow 2NaHSO_2 + 6[H]$$
아이티온산 나트륨   물   아황산수소나트륨 (발생기의 수소)

드라이클리닝은 기름때를 기름(석유)으로 녹여서 지우는 세탁 방법이다. 원리를 알면 기름때가 사라지는 현상은 그다지 신기할 일도 아니다. 그런데 집에서 하는 물세탁으로도 기름때가 지워진다. 도대체 어떤 마법을 쓰길래 물에 녹지 않는 기름때를 지울 수 있는 걸까?

● 계면활성제

분자는 알코올과 같이 물에 녹는 친수성 물질과 석유와 같이 물에 녹지 않는 소수성 물질로 나눌 수 있다. 또한 친수성 부분과 소수성 부분을 동시에 가진 분자도 있다. 이런 분자를 화학에서는 **양친매성 분자**라고 하며 일반적으로 **계면활성제**라고 한다. 비누나 중성세제가 여기에 해당한다.

● 분자막

세제를 물에 녹이면 친수성 부분은 자연스럽게 물에 섞여 들어가지만 소수성 부분은 그렇지 않다. 그래서 세제 분자는 소수성 부분이 위로 향한 물

그림 계면활성제

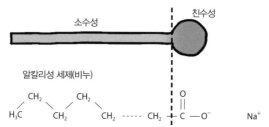

▲ 주로 계면활성제나 세제로 불리는 양친매성 분자는 소수성 부분과 친수성 부분으로 이루어져 있다.

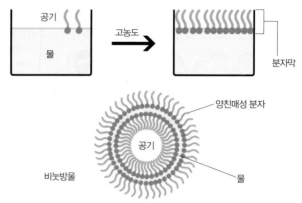

그림 분자막

공기

물

고농도 →

분자막

양친매성 분자

공기

비눗방울

물

▲ 비눗방울은 이분자막으로 된 주머니 형태로 양쪽 경계면 부분에 물이 들어 있다.

구나무 형태로 수면에 떠 있다. 이 상태에서 세제의 양을 늘리면 위 **그림**처럼 수면 전체가 세제 분자로 뒤덮여 한 장의 얇은 막이 형성된다. 분자로 만들어진 막이라는 의미에서 이 막을 분자막이라고 한다.

두 장의 막이 포개져 생기는 분자막을 이분자막이라고 한다. 그런 일이 정말 가능할지 궁금하겠지만 의외로 우리 주변에서 쉽게 볼 수 있다. 우리가 잘 아는 비눗방울이 대표적인 이분자막이다. 이분자막으로 된 주머니 속에 공기(숨)를 넣으면 비눗방울이 된다. 이때 물은 양쪽 친수성 부분이 만든 막 사이의 경계면에 들어간다.

이분자막은 생물의 몸 안에서도 중요한 역할을 한다. 세포를 구성하는 세포막이 바로 이분자막이다. 세포막을 만드는 양친매성 분자를 인지질이라고 하며, 지방과 인산이 결합해 만들어진다. 지방은 다이어트를 하는 사람에게는 비만의 원흉인 기분 나쁜 존재이지만, 사실 생명의 바탕을 이루는 중요한 물질이다.

● 세탁의 원리

기름때가 묻은 옷을 세탁하는 과정을 살펴보자. 먼저 빨랫감을 물에 넣고 세제를 넣는다. 세탁할 때 쓰는 세제의 양이 많아서 수면에 자리가 부족하면 어쩔 수 없이 세제의 일부는 물속으로 들어가게 된다.

그런데 물속으로 들어가 주변을 둘러보니 반갑게도 기름(오염물)이 보인다. 세제 분자의 소수성 부분은 지푸라기라도 잡는 심정으로 기름때에 달라붙는다. 그 결과 아래 **그림**처럼 세제 분자가 기름때를 완전히 감싸게 된다.

이 모습을 밖에서 보면 친수성 부분으로 덮인 분자 집단처럼 보이고 이 집단은 당연히 물에 녹는다. 기름때는 이런 원리로 마치 보자기로 싼 것처럼 세제 분자로 뒤덮여서 옷에서 떨어지게 된다. 평소 별 생각 없이 하던 일이지만 사실 세탁은 고도의 화학 기술을 활용한 행위다.

그렇다면 드라이클리닝에서는 수용성 때를 어떻게 지울까? 수용성 때는 석유로는 녹지 않는다. 그래서 이때도 물세탁 때와 마찬가지로 세제를 이용한다. 석유 속에서도 세제의 친수성 부분은 수용성 때에 확실하게 들러붙고, 그다음은 앞에서 설명한 세탁의 원리와 같다.

그림 물세탁으로도 기름때가 제거되는 이유

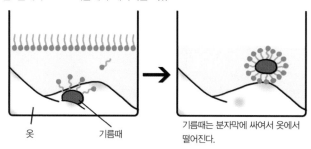

옷   기름때

기름때는 분자막에 싸여서 옷에서 떨어진다.

2-4 접착제

접착제는 우리 생활 구석구석 안 쓰이는 곳이 없다. 작게는 우표나 봉투를 붙일 때도 접착제를 사용하고, 베니어판과 같은 합판도 얇은 목재를 접착제로 붙여서 만든다. 더 멀리 시선을 돌려 보면 우주왕복선의 외벽 단열재도 접착제로 붙인다.

어떤 원리로 물건이 다른 물건에 붙는 걸까? 접착에는 두 가지 원리가 작용한다.

● 화학적 원리

우선 **화학적 원리**가 작용한다. 접착되는 두 가지 물체 A와 B, 그리고 접착제 사이에 **화학결합**이 발생한다. 그 결과 A-(접착제)-B라는 형태로 A와 B가 접착제를 사이에 두고 맞붙게 된다.

화학결합에는 **이온결합**이나 금속결합을 비롯해 다양한 종류의 결합이 존재하고, 일반적으로 가장 단단한 결합은 **공유결합**이다. 하지만 공유결합을 이용하는 접착 사례는 그다지 많지 않다. 대부분은 **수소결합**을 이용한다. 수소결합은 두 개의 물 분자가 끌어당기는 힘을 이용하는 방법으로, 사실 그다지 강력하지는 않다. 다만 수소 원자(H)가 존재하는 곳이라면 어디서든 사용할 수 있다.

● 앵커 효과

또 다른 원리는 앵커 효과(투묘 효과)를 이용하는 방법이다. 여기서 앵커(anchor)는 갈고리를 의미하며 앵커 효과는 A와 B가 갈고리로 결합되는 현상을 말한다. 당연히 접착제가 갈고리의 역할을 한다. 물체의 표면은 아무리 매끄러워 보여도 원자 수준으로 자세히 보면 울퉁불퉁하고 구멍이 있기

그림 접착의 두 가지 원리

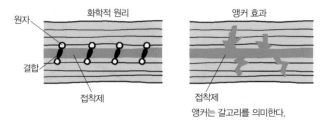

앵커는 갈고리를 의미한다.

마련이다. 이 구멍 속에 접착제를 넣어 굳힌다.

접착제에는 대부분 물이 들어 있어서 사용할 때는 부드럽게 발린다. 그래서 물체 A에 바른 접착제 일부가 A의 표면에 있는 작은 구멍으로 들어가고, 이 상태로 물체 B를 포개면 물체 B의 구멍으로도 자연스럽게 들어간다. 그 상태로 시간이 지나면 물이 증발해 접착제가 굳는다. 밥알을 사용한 풀을 떠올리면 쉽게 이해할 수 있다. 이때 접착제의 형태를 갈고리에 빗대 앵커 효과라고 한다.

🔵 순간접착제

앵커 효과를 이용한 궁극의 접착제는 순간접착제다. 불과 몇 초라는 짧은 시간에 굳고, 접착력이 접착 면적 1cm²당 150kg에 육박할 정도로 강력하다. 즉, 단면이 가로세로 1cm인 철봉에 순간접착제를 바르면 150kg의 철덩어리를 붙여서 늘어뜨려도 떨어지지 않는다는 말이다.

순간접착제에는 어떤 원리가 작용할까? 순간접착제는 **합성고분자**의 일종이다. 고분자는 수만 개의 작은 **단위분자**가 마치 사슬처럼 길게 이어져 형성된 분자를 말한다. 아무리 긴 사슬이라도 작은 고리가 이어진 단순한 형태의 구조이며, 이 고리가 단위분자다.

사용하기 전의 순간접착제는 단위분자 고리가 뒤죽박죽으로 모여 있을 뿐 아직 사슬로 이어진 형태는 아니다. 하지만 순간접착제를 튜브에서 짜내 바르자마자 이 고리들이 결합을 시작하고 불과 몇 초 만에 수천 개가 이어진 고분자가 되어 딱딱하게 굳는다.

굳기 전 접착제에는 물과 같은 유동성이 있어서 접착 면에 있는 작은 구멍에도 잘 침투한다. 그리고 그 상태로 굳는다. 물체 표면에 있는 구멍의 형태 그대로 갈고리(앵커)가 되기 때문에 접착력이 매우 강하다.

● 고분자화 반응

그런데 왜 순간적으로 굳을까? 아래 **자료**에 제시한 화학 반응을 살펴보자. 어떤 상태의 공기든 항상 존재하는 물 분자(H_2O)가 해답의 열쇠를 쥐고 있다. 물 분자가 접착제의 단위분자인 시아노아크릴레이트 [$H_2C=CCN(CO_2R)$] 분자 1에 작용하면 첨가물 2가 발생한다. 첨가물 2가 다시 1과 반응하고 1이 두 개 결합한 3의 형태가 된다. 이와 같은 반응이 차례로 진행되면 결국 수천 개의 1이 결합한 고분자 n이 만들어진다.

자료 순간접착제의 고분자화 반응

2-5 습기 제거제

    과자를 뜯어 보면 안에 '습기 제거제' 또는 '건조제'라고 쓰인 작은 봉투가 들어 있다. 과자뿐만 아니라 생활 여기저기에 사용되는 습기 제거제는 그 종류가 매우 다양하다. 그중 과자에는 생석회라고 하는 산화칼슘(CaO)이 주로 쓰였지만, 요즘은 대부분 실리카겔(SiO_2)을 사용한다. 또한 실내의 습기를 제거할 때는 염화칼슘($CaCl_2$)이 사용된다. 이처럼 쓰임새에 따라 종류가 다양한 습기 제거제는 제습 원리도 각각 다르다.

● 실리카겔

    실리카겔은 얼핏 유리구슬처럼 보이지만 자세히 보면 표면에 보이지 않는 작은 구멍이 잔뜩 나 있어 공기와 접촉하는 면적이 상당히 넓은 물질이다.

    분자와 분자 사이에는 분자간력이라는 인력이 작용한다. 당연히 실리카겔 분자와 물 분자 사이에도 분자간력이 작용하고, 실리카겔은 이 힘을 이용해 물 분자를 흡수해서 과자가 눅눅해지지 않도록 한다. 참고로 실리카겔은 인체에 유해하지 않다.

● 생석회(산화칼슘)

    생석회가 수분을 흡수하는 이유는 산화칼슘이 물과 반응해서 수산화칼슘[$Ca(OH)_2$], 즉 소석회로 변하는 성질을 가졌기 때문이다. 운동장에 흰색 선을 그릴 때 사용하는 가루가 바로 소석회이며, 밭에 비료(중화제)로 뿌리기도 한다.

    다만 소석회로 변할 때 강한 열이 발생한다. 혹시 아기가 실수로 먹는다면 입안에 화상을 입어 짓무르게 될 수 있고, 실수로 음식물 쓰레기통에 들어가 수분과 반응하면 화재가 발생할 위험도 있다.

실리카겔은 투명하고 매끈매끈해 보이지만

사실 미세한 구멍이 잔뜩 나 있어요.

물 분자

작은 방들이 많아서 여러 물 분자를 끌어당기는 거죠.

참고로 숯도 같은 원리로 습기를 제거한답니다.

숯 제습

들어 본 적 있어.

혼수 필수품이었지.

그런 것까지 알아?

오동나무 옷장은 선조들의 지혜를 보여 주는 좋은 예죠.

오동나무는 표면이 거칠어서 수분을 잘 흡수하지만 어느 정도 팽창하면 그 이상은 수분을 흡수하지 않아요.

마르면 수분을 배출하고 다시 원래 형태로 수축하죠. 그만큼 통기성이 좋아요.

수분

수분

수분

그래서 외부 습기가 안까지 침투하지 못해요.

그렇구나....

그림 산화칼슘 반응

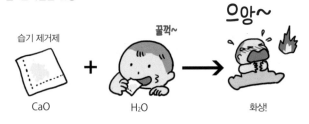

습기 제거제

CaO $+$ H₂O $\rightarrow$ 화상!

$$CaO+H_2O \;\rightarrow\; Ca(OH)_2 + 발열$$

▲ 생석회로 만든 습기 제거제는 물과 반응해서 열을 내기 때문에 화재와 화상에 주의해야
한다.

CaO	$+$	H_2O	$\rightarrow$	$Ca(OH)_2$
산화칼슘		물		수산화칼슘

레토르트 식품 중에 포장 용기에 달린 끈을 잡아당기면 열이 나서 카레나 죽을 따뜻하게 먹을 수 있는 상품이 있다. 이때 열을 내는 발열원이 산화칼슘이며, 여기서 알 수 있듯이 산화칼슘의 반응은 음식을 데울 만큼 높은 열을 낸다. 따라서 위험할 수 있으니 생석회를 다룰 때는 항상 주의해야 한다.

● 염화칼슘

서랍이나 자동차 내부의 습기를 제거할 때 주로 사용하는 습기 제거제는 염화칼슘($CaCl_2$)이다. 염화칼슘은 물과 결합하려는 힘이 강하고 반응과 함께 녹아 버린다. 이 현상을 조해(deliquescence)라고 하는데 제습제 용기에 물이 생기는 이유도 조해성 때문이다.

당연히 생긴 물의 양만큼 제습 성능이 떨어지니 이때는 새 제품으로 바꿔 주어야 한다. 한편 염화칼슘을 이용한 습기 제거제는 밀폐된 공간의 제습에는 효과적이지만 거실과 같이 개방된 공간에서는 효과를 발휘하지 못한다. 거실은 에어컨의 제습 기능을 이용하는 편이 효과적이다.

또한 염화칼슘 반응 후에 생긴 물은 쓴맛이 나고 인체에 해로우니 아이

그림 염화칼슘의 반응

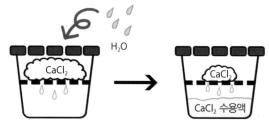

▲ 염화칼슘은 물을 흡수해 녹는 성질인 조해성을 가졌다.

가 실수로 먹지 않도록 주의하자.

● 기타 제습제

에탄올에 포함된 물은 불순물이다. 그래서 물을 제거한 에탄올을 **알코올 무수물**(無水物)이라고 하며, 이때 유기용매에서 불순물인 물을 제거하는 과정 역시 '건조(제습)'라고 한다. 또한 화학 연구실에서는 수분을 제거하기 위해 **오산화인**(P_2O_5)과 금속 **나트륨**(Na)을 사용한다. 두 물질 모두 물과 화학 반응을 일으켜 강력한 제습 효과를 발휘하지만, 위험 물질이기 때문에 일반 가정에서는 사용할 수 없다.

$$P_2O_5 \ + \ 3H_2O \rightarrow 2H_3PO_4$$
오산화인　　　물　　　인산

$$2Na \ + \ 2H_2O \rightarrow H_2 \ + \ 2NaOH$$
나트륨　　　물　　수소　수산화나트륨

2-6 탈산소제

예전부터 선물용 과자에는 항상 습기 제거제가 들어 있었다. 그런데 요즘에는 습기 제거제 봉투와 함께 **탈산소제**까지 들어 있는 제품이 종종 눈에 띈다. 탈산소제는 왜 넣는 걸까?

● 산소가 주는 피해

산소(O_2)는 질소(N_2)와 함께 공기를 구성하는 주요 성분이며 부피로 보면 전체 공기의 5분의 1을 차지한다. 참고로 장소에 따라 농도의 변화가 심한 수증기를 제외하면 대기 중에 세 번째로 많은 기체는 아르곤(Ar)이며 전체 공기의 약 1%를 차지한다. 또한 네 번째로 많은 기체는 이산화탄소(CO_2)지만, 양은 고작 0.03%에 불과하다.

산소가 없으면 살 수 없는 포유류에게 산소는 매우 소중한 원소다. 포유류는 산소를 이용해 섭취한 영양소를 체내에서 산화시키고, 이때 발생하는 에너지로 생명 유지 활동을 한다.

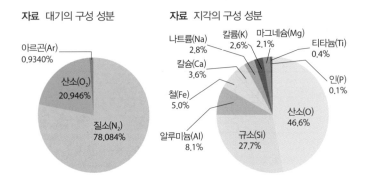

자료 대기의 구성 성분

아르곤(Ar) 0.9340%
산소(O_2) 20.946%
질소(N_2) 78.084%

자료 지각의 구성 성분

나트륨(Na) 2.8%
칼륨(K) 2.6%
마그네슘(Mg) 2.1%
티타늄(Ti) 0.4%
칼슘(Ca) 3.6%
인(P) 0.1%
철(Fe) 5.0%
산소(O) 46.6%
알루미늄(Al) 8.1%
규소(Si) 27.7%

언젠가 이런 날이 올지도...?

산소는 반응성이 매우 큰 물질이어서 거의 모든 원소와 반응해 산화물을 만든다. 지각을 이루는 암석이 산화물로 구성되어 있으니 지각에서 가장 많은 부분을 차지하는 원소 역시 단연코 산소다.

따라서 산소는 과자는 물론 모든 식품의 성분과도 반응한다. 하지만 산소와 반응하면 식품은 맛과 품질이 변한다. 식품의 산화 반응을 막으려면 어떻게 해야 할까? 간단하다. 식품과 산소의 접촉을 막으면 된다.

● 산소의 접촉을 막는 방법

식품과 산소의 접촉을 막는 방법에는 구체적으로 세 가지가 있다. 하나는 식품을 포장하고 공기를 제거하는 방법, 즉 진공 포장을 하는 방법이다. 다만 진공 포장을 하면 비닐이 식품에 밀착되어 외관상 보기 좋지 않다. 두 번째는 포장에서 공기를 빼고 대신 식품과 반응하지 않는 불활성 기체를 주입하는 방법이다. 일반적으로 불활성 기체인 질소나 아르곤을 주입한다. 아르곤은 백열전구의 필라멘트를 구성하는 텅스텐(W)이 기화하거나 산화로 부식되지 않게 막아 주는 기체다. 다만 질소와 아르곤은 사용하는 양만큼 비용이 든다는 문제가 있다. 그래서 생각해 낸 세 번째 방법이 포장 속 공기에서 산소만 제거하는 것이다.

● 탈산소제

세 번째 방법에서 사용하는 것이 탈산소제다. 탈산소제로는 산소와 활발히 반응하는 이른바 환원제를 쓴다.

식품의 탈산소제는 당연히 식품보다 산소와 잘 반응하는 물질이어야 한다. 또한 탈산소제 자체의 냄새나 맛이 없어야 하고, 산화 반응의 결과로 생긴 산화물에도 마찬가지로 냄새나 맛이 없어야 한다. 물론 비용도 저렴해야 한다.

그래서 현재 탈산소제로 주로 쓰이는 원소는 철(Fe)이다. 철은 산소와 반응해서 산화제일철(산화철 II, FeO)이나 산화제이철(산화철 III, Fe_2O_3)이 된다. 쉽게 말해 철에는 산소를 흡수하는 능력이 있다.

철의 산소 제거 능력은 꽤 강력한 편이다. 옛날에 우물을 파던 작업자가 새로 판 우물에 들어갔다가 질식사한 안타까운 사고가 있었다. 땅속에 있던 산화제일철이 공기 중에 노출되면서 산소와 반응해 산화제이철이 되었고, 산화제이철이 우물 속 산소를 흡수해 안타까운 사고가 발생한 것이다.

$$2Fe + O_2 \rightarrow 2FeO$$
철　　　산소　　　산화철Ⅱ

$$4FeO + O_2 \rightarrow 2Fe_2O_3$$
산화철Ⅱ　산소　　　산화철Ⅲ

그림 우물 속 산소 부족

▲ 우물이나 맨홀 속은 산소가 부족할 수 있으니 주의하자!

핫팩

추운 겨울날 아침 코트 주머니에 들어 있는 핫팩의 온기는 우리에게 하루를 버틸 힘을 준다. 성냥이나 라이터로 불을 붙이는 것도 아니고 그저 부직포 주머니를 주무르기만 하는데 핫팩은 어떻게 열이 나는 걸까?

● 반응 에너지

모든 원자와 분자는 고유한 에너지를 가진다. 화학 반응이 일어나면 반응 전의 **출발물** 분자는 반응 후의 **생성물** 분자로 구조가 바뀐다. 그런데 이때 단순히 분자의 구조만이 바뀌는 것이 아니다. 분자가 가진 에너지도 변한다.

에너지가 변하면 출발물 에너지와 생성물 에너지에 차이가 생기고, 이 차이만큼의 에너지를 **반응 에너지**라고 한다. 그렇다면 반응 에너지는 어떻게 될까?

숯을 태우면 열이 나고 주변이 따뜻해진다. 탄소(C)가 산소(O_2)와 반응해서(산화해서) 이산화탄소(CO_2)가 생성되는 화학 반응이다. 이 반응에서 출발물은 탄소와 산소이며 생성물은 이산화탄소다. 여기까지가 화학 반응의 구조적 변화이며, 이 과정에서 에너지의 변화도 함께 일어난다.

$$C \; + \; O_2 \; \rightarrow \; CO_2$$
탄소   산소   이산화탄소

82쪽 **자료**에 이산화탄소 생성 반응을 그래프로 나타냈다. 그래프를 보면 출발계 에너지, 즉 탄소와 산소의 에너지 합이 생성계 에너지인 이산화탄소의 에너지보다 크다는 사실을 알 수 있다. 반응이 진행되는 동안 출발계와 생성계 사이에 에너지의 차이 ΔE가 발생한 것이다. 남는 에너지가 된 ΔE는

현재　　　　　　　　　　　과거

일회용 핫팩은 정말 편리해!

흔들기만 하면

라라 후끈!
라라 후끈!

뜨겁게 데운 돌을 종이에 싸서

하—

가슴에 품고 다녔다.

점심 먹을까?

오늘은 도시락이다!

안녕하세요.

모처럼 오셨는데 대접할 게 없네....

무슉—

후끈 후끈

맛있게 먹겠습니다.

이거라도 품어서

네?

다!

배고픔을 달래 봐.

밖에서도 따뜻한 밥을 먹을 수 있다니 행복해!

따끈 따끈

산화열은 정말 대단하다!

이것이 일본의 '가이세키(懷石, 돌을 품다) 요리'의 어원이라는 설도 있다.

배고파요...

부, 부럽다....

자료 반응 에너지

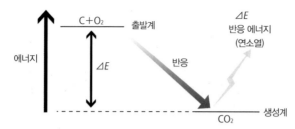

▲ 고에너지에서 저에너지로 변하면 그만큼 잉여 에너지가 발생한다.

외부로 방출되고 이때 생긴 열이 주변의 온도를 올린다. 여기서 ΔE가 반응 에너지이며, 연소 반응에서 생긴 열이므로 ΔE를 **연소열**이라고도 한다.

● 핫팩의 원리

그렇다면 핫팩은 어떤 반응을 통해서 반응 에너지를 방출할까? 반응 원리는 탄소의 연소 반응과 같다. 다만 탄소 대신 철(Fe)을 사용할 뿐이다. 이때 반응의 진행 속도를 높이는 촉매로 소량의 소금물을 사용한다.

핫팩을 마구 주물러야 하는 이유는 안에 있는 철과 소금물을 접촉시켜야 하기 때문이다. 두 물질이 만나면 철과 산소가 반응해 열이 나고 산화제이철(산화철Ⅲ, Fe_2O_3)이 생성된다. 반응 자체는 매우 단순하다. 원리가 단순한 만큼 처음 핫팩의 아이디어를 떠올리고 상품화까지 이뤄 낸 사람의 굳은 의지와 실패를 두려워하지 않는 용기가 감탄스럽다.

$$4Fe \ + \ 3O_2 \ \rightarrow \ 2Fe_2O_3$$
철   산소   산화철(Ⅲ)

불이나 전기 없이 열을 내는 상품 중에 전투식량처럼 즉각 취식용으로 만들어진 레토르트 식품이 있다. 포장에 달린 끈을 잡아당기면 포장지 안쪽이 뜨거워져서 안에 있는 파스타나 죽을 데울 수 있는 제품이다. 즉각 취식용 식품은 어떤 원리로 열을 내는 걸까?

이 원리 역시 어렵지 않다. 2-5에서 설명했던 습기 제거제의 원리와 같다. 조금 더 자세히 설명하자면 상품 포장 안쪽을 두 개의 공간으로 나누고 한쪽에는 생석회(산화칼슘, CaO), 다른 한쪽에는 물을 넣는다. 끈을 당겨 두 공간을 나누던 벽을 제거하면 생석회와 물이 반응해 소석회[수산화칼슘, $Ca(OH)_2$]가 생긴다. 즉각 취식용 식품은 이때 방출되는 반응열을 이용하는 원리다.

$$CaO + H_2O \rightarrow Ca(OH)_2$$
산화칼슘   물   수산화칼슘

일반적으로 분자가 산화되면 생성물의 에너지는 줄어들고 그 차이만큼 반응 에너지가 방출된다. 사실 우리가 밥을 먹어서 생명을 유지하는 것도 같은 원리다. 우리 몸에서 일어나는 대사 작용도 음식물의 산화 반응이라고 볼 수 있다. 이 반응의 결과로 반응 에너지가 방출되고 우리는 이 에너지로 생명 유지 활동을 한다.

그림 즉각 취식용 레토르트 식품의 가열

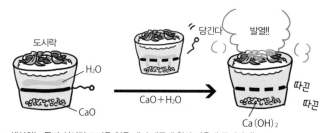

▲ 생석회는 물과 섞이면 뜨거운 열을 내기 때문에 항상 사용에 주의하자!

순간 아이스팩

　순간 아이스팩은 더운 여름에 잠시나마 무더위를 잊고 쉴 수 있게 해 주는 고마운 제품이다. 아이스팩은 핫팩과는 정반대의 상황을 만든다. 주머니에 충격을 가하는 순간 내용물이 차갑게 변한다. 차가워진 아이스팩을 수건으로 감싸서 목덜미에 대면 한여름에 온열 질환을 예방할 수 있다. 그런데 충격을 주면 왜 차가워지는 걸까?

● 아이스팩의 원리

　주머니 안에 든 내용물과 반응 원리는 간단하다. 가루가 있는 바깥쪽 주머니 안쪽에 물이 들어 있는 주머니가 따로 있다. 바깥쪽 주머니에 충격을 주어서 물이 든 주머니를 터트리면 가루가 물에 녹기 시작한다. 이때 주변의 열을 흡수해서 차가워진다.

　핵심 물질은 주머니 안에 있는 가루다. 이 가루는 **질산칼륨**(KNO_3)처럼 녹으면 얼어 버린다. 질소(N)와 칼륨(K)으로 구성된 질산칼륨은 화학비료로도 쓰이며, 분자 안에 산소(O)를 많이 포함하고 있는 만큼 가연성이 높아 화약의 원료로도 쓰인다.

● 냉각 원리

　질산칼륨은 녹으면 왜 차가워질까?

> **녹는다**

　앞에서 질산칼륨이 녹는다고 설명했다. 여기서 '녹는다'라는 현상을 화학적으로 설명하면 물질의 분자가 하나씩 떨어지고, 각 분자의 주위를 물 분자가 둘러싸는 것을 말한다. 이 현상을 **수화**(水和, hydration)라고 한다.

수화 작용을 생각하면 화학적 관점에서 밀가루는 물에 녹지 않는 물질이다. 밀가루는 전분이라는 긴 나선형 용수철 모양의 분자가 수없이 많이 얽혀서 만들어진 입자다. 수많은 전분 분자가 하나씩 분리되는 일은 불가능하다.

반면 질산칼륨의 분자는 작아서 하나씩 쉽게 분리할 수 있다. 질산칼륨이 분해되면 양이온인 칼륨 이온(K^+)과 음이온인 질산 이온(NO_3^-)으로 나뉘고 이렇게 분리된 이온을 물 분자가 둘러싼다.

결정 파괴(흡열반응)

가루는 대부분 결정(結晶) 상태다. 얼음 설탕의 결정도 잘게 부수면 가루가 된다. 결정은 많은 분자가 규칙적으로 긴밀하게 배열된 3차원 구조로 되어 있고, 분자가 이 정도로 가까이 붙어 있으면 분자 사이에 생기는 약한 결합, 즉 **분자간력**이 발생한다.

분자간력에 의해 분자가 결합하면 결합 에너지가 발생하고, 따라서 결정은 이 결합 에너지로 인해 안정적인 상태가 된다. 그래서 결정을 깨서 분자를 하나씩 분리하려면 외부에서 에너지를 끌어와야 한다. 이 현상을 일반적으로 **흡열반응**이라고 하며, 질산칼륨은 여기에 더해 칼륨 이온과 질산 이온으로 분해할 에너지도 필요하다.

수화(발열반응)

그런데 수화 상태에서는 칼륨 이온과 질산 이온이 물 분자에 둘러싸여 있다. 이는 이온과 물 분자 사이에 분자간력이 만든 결합이 있다는 것을 의

그림 순간 냉각의 원리

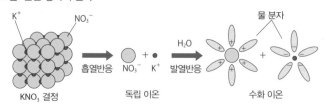

미한다. 이 과정에서는 앞서 말한 결정 파괴와는 반대로 결합 에너지가 방출된다. 이 현상을 일반적으로 **발열반응**이라고 한다.

결론

정리하자면 질산칼륨 가루가 녹는 현상은 ① 에너지를 흡수해서 결정이 깨지고 이온이 되는 과정과 ② 에너지를 방출해서 수화하는 과정으로 나뉜다. 에너지라는 관점에서 보면 이 두 과정은 정반대 반응이다.

다시 말해 ①번 과정과 ②번 과정에서 발생하는 에너지의 절댓값 크기에 따라 물질이 녹을 때 차가워지거나(흡열) 뜨거워진다(발열). 질산칼륨(KNO_3)은 ①번 과정에서 발생하는 에너지가 ②번 과정에서 발생하는 에너지보다 크기 때문에 차가워지고, 수산화나트륨($NaOH$)은 그와 반대이기 때문에 녹을 때 열을 내며 뜨거워진다. 따라서 수산화나트륨은 위험할 수 있으니 조심해서 다뤄야 한다.

자료 흡열반응과 발열반응

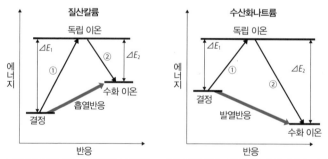

▲ 결정이 깨질 때는 흡열반응이 일어나고, 수화 현상에서는 발열반응이 일어난다. 어떤 반응이 일어날지는 양측의 에너지 크기에 따라 달라진다.

전도성 고분자

과거에는 '유기물은 전기가 통하지 않고, 자석에 붙지 않는다'는 것이 상식이었다. 하지만 이 상식은 2000년 일본의 화학자 시라카와 히데키(白川英樹) 박사가 노벨상을 받으면서 깨졌다. 시라카와 박사의 연구를 통해 특정 유기물은 전기가 통하고 자석에도 붙는다는 사실이 밝혀졌다. 그뿐만 아니라 초전도성을 가진 유기물도 존재한다. 이제 유기물에 관한 상식은 크게 달라졌다. 언젠가는 유기물이 금속을 대체하는 날이 올지도 모른다.

● **절연성 고분자**

전류는 전자의 흐름이다. 따라서 전기를 흘려보내고 싶다면 이동할 수 있는 전자를 생성하고, 그 전자가 이동하기 편한 환경을 조성해 주면 된다.

전기가 잘 통하는 대표적인 물질은 금속이다. 금속에는 자유롭게 움직일 수 있는 자유전자가 있으며, 자유전자가 이동하기 때문에 전도성이 생긴다. 반면 자유롭게 움직일 수 있는 전자가 없는 유기물은 일반적으로 전도성을 띠지 않는다.

어떻게 하면 유기물도 전도성을 띨 수 있을까? 일단 이동할 수 있는 전자가 필요하다. 다행히 이중결합의 전자는 이동성이 뛰어나다고 알려져 있다. 그렇다면 긴 이중결합을 가진 분자를 만들면 전자가 분자의 끝에서 끝까지 움직일 수 있지 않을까?

이런 발상에서 탄생한 물질이 **폴리아세틸렌**이었다. 삼중결합을 가진 아세틸렌을 길게 결합하여 수천 개의 이중결합을 만들었다. 폴리아세틸렌을 만드는 공정은 폴리에틸렌을 만드는 공정과 비슷해 어렵지 않았기 때문에 연구원들은 바로 폴리아세틸렌을 합성해서 전도성을 조사해 보았다. 하지만 안타깝게도 폴리아세틸렌은 절연체였다.

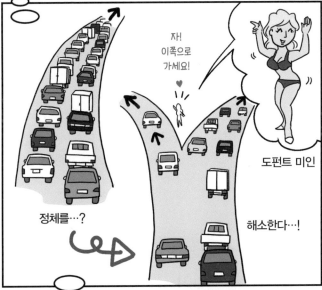

● 전도성 고분자의 발견

사실인지 아닌지는 확실하지 않지만 전도성 고분자의 발견과 관련해서는 그럴싸한 일화가 있다. 어느 날 한 학생이 요오드(I$_2$)를 사용한 실험을 했다. 요오드는 열을 가하면 바로 기체가 되는 성질인 승화성(昇華性)이 큰 물질이다. 그래서 검은 자주색을 띠는 요오드 결정을 원통형 유리 시험관에 넣어 두면 시험관 내부가 요오드 기체로 가득 차 옅은 갈색을 띠게 된다.

실험을 마치고 기구를 점검하던 시라카와 박사는 우연히 학생이 뒷정리를 제대로 하지 않은 것을 발견했다. 요오드 실험에 사용한 시험관 위에 폴리아세틸렌 필름이 그대로 올려져 있었다. 그런데 필름을 걷어 보니 요오드 기체가 닿은 안쪽이 갈색으로 변해 있었다.

그냥 치워 버릴 수도 있었지만 호기심이 생긴 시라카와 박사는 전도성을 확인해 보았고, 결과는 매우 놀라웠다. 이 일이 계기가 되어 노벨상까지 이어졌다고 한다.

그림 전도성 고분자 발견

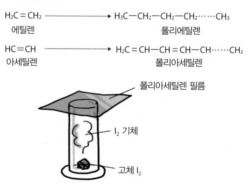

$$H_2C = CH_2 \longrightarrow H_3C-CH_2-CH_2-CH_2\cdots\cdots CH_3$$
에틸렌 　　　　　　　　　　　　　　 폴리에틸렌

$$HC \equiv CH \longrightarrow H_2C = CH-CH = CH-CH\cdots\cdots CH_2$$
아세틸렌 　　　　　　　　　　　　　 폴리아세틸렌

폴리아세틸렌 필름

I$_2$ 기체

고체 I$_2$

▲ 절연체인 폴리아세틸렌에 요오드(I$_2$)를 도핑하면 전도성이 생긴다.

● 도핑 효과

과학에서 사실의 발견을 이길 수 있는 것은 없다. 이론이나 이치는 시간이 지나고 나중에야 밝혀지는 일도 많다.

시라카와 박사가 발견한 이 현상의 원리는 쉽게 설명하면 다음과 같다. 우선 도로 위를 달리는 자동차를 전자라고 하면, 폴리아세틸렌의 상태는 좁은 도로에 차가 많아서 정체가 발생해 차들이 움직이지 못하는 상황이라고 할 수 있다. 이때 정체를 해소하려면 어떻게 해야 할까? 간단하다. 자동차의 수를 줄이면 된다.

이 역할을 하는 물질이 바로 요오드다. 요오드에는 전자를 끌어당기는 성질이 있고, 이 성질이 폴리아세틸렌의 이중결합 전자를 끌어내 정체를 해소한다. 이 반응에서 요오드와 같은 불순물을 **도펀트**라고 하며, 도펀트를 첨가하는 일을 **도핑**이라고 한다. 정리하면 폴리아세틸렌에 요오드를 도핑하면 전도성이 생긴다.

전도성 고분자는 현재 현금인출기의 터치스크린이나 리튬이온 전지의 전극으로 주로 사용하지만, 앞으로는 유기 EL(형광성 유기화합물을 전기적으로 전환시켜 빛을 내는 화면-역주)과 유기 태양전지의 전극으로도 사용될 예정이다.

그림 요오드 도핑 전후 비교

자동차(전자)의 수를 줄이면……

2-10 고흡수성 고분자

물을 흡수하는 고분자인 고흡수성 고분자는 주로 일회용 기저귀나 생리용품에 쓰인다. 천이나 종이와 같이 물을 흡수하는 물질은 다양하지만, 고흡수성 고분자는 무려 자체 무게의 1,000배에 달하는 물을 흡수한다. 그렇게 많은 양의 물을 어떻게 흡수하는 걸까?

● 모세관 현상

종이나 천은 왜 물을 흡수할까? '모세관 현상' 때문이라는 대답은 충분하지 않다. '모세관 현상'은 종이가 물을 흡수하는 현상을 정의한 명칭일 뿐, 현상의 원인과 이유를 설명해 주지는 않는다. '비는 왜 내릴까?'라는 질문에 '강수(降水) 현상이 일어나기 때문'이라고 대답한 것이나 마찬가지다.

모세관 현상은 분자간력에 의해서 발생한다. 분자간력은 분자 사이에 작용하는 인력을 말하며 수소결합이나 반데르발스의 힘(van der Waal's force)으로도 잘 알려져 있다. 특히 종이나 천에서는 수소결합으로 발생하는 분자간력 덕분에 종이를 구성하는 셀룰로스 분자와 물 분자 사이에 끌어당기는 힘이 작용한다. 이 힘으로 물 분자는 셀룰로스 분자가 만든 벽을 타고 올라갈 수 있는 것이다.

● 고흡수성 고분자의 흡수력

하지만 고흡수성 고분자의 엄청난 흡수력은 분자간력만으로는 전부 설명할 수 없다. 또 다른 흡수력의 비밀은 분자 구조에 있다. 고흡수성 고분자의 구조는 새장 모양이고, 흡수한 물 분자를 새장 안에 담아 보존한다. 얼핏 여전히 보수력(保水力)에 대한 설명일 뿐, 흡수력에 대한 설명으로는 충분하지 않아 보이겠지만 사실 흡수력의 원인도 분자 구조에 있다.

고흡수성 고분자는…

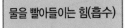 물을 빨아들이는 힘(흡수) 과 보존하는 능력(보수)

둘 다 뛰어나요!

쉽게 말해서…

능력이 뛰어난 호객꾼이
손님을 끌고 오면

여러분! 전망 좋은 야외
맥줏집이 있습니다. 2만 원이면
맥주가 무제한입니다!

세 명이요.

가 볼까?

선착순 10팀만!!

먼저 온 손님이 또
다른 손님을 불러오고

같이 가자고!

한턱 내시는 거면
가고요~

못 말려~

어서 오세요!

손님이 많아지면
가게 공간이 점점
넓어지는 거지!

자리 있어요?

그럼요! 야외라 테이블만 펴면
자리를 만들 수 있답니다!

이런 느낌인가?

 상상력이
풍부하시네요….

그림 보수와 흡수의 원리

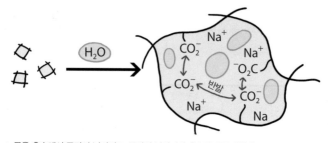

▲ 물을 흡수해서 공간이 넓어지고, 공간이 넓어져서 흡수력이 증가한다.

새장 형태의 구조에는 군데군데 COONa 원자단(치환기)이 존재한다. 물을 흡수하면 이 원자단이 분해되어 COO^-라는 음이온과 Na^+라는 양이온으로 나뉜다.

$$R-COONa \rightarrow R-COO^- + Na^+$$

또한 같은 이온 사이에서 정전기적 반발력도 생긴다. 쉽게 말해 새장에 붙어 있는 COO^- 사이에 반발력이 생기고 이 힘으로 인해 새장이 더 넓어진다. 넓어진 새장에는 더 많은 물이 들어오고 자연스럽게 다른 COONa까지 분해되면서 새장은 점점 더 넓어진다. 이 과정을 반복하며 엄청난 양의 물을 흡수하게 된다.

● 고흡수성 고분자의 용도

일회용 기저귀나 생리용품 외에도 고흡수성 고분자가 쓰이는 곳이 있다. 마트에서 산 신선식품에 들어 있는 **보냉제**의 내용물도 고흡수성 고분자다. 보냉제는 고분자의 보수력을 활용해서 물을 젤 상태로 만들어 사용하기 때문에 만에 하나 포장이 파손되어도 내용물이 새어 나와 식품이 손상될 우려가 없다.

그리고 사실 그보다 더 훌륭한 일도 한다. 고흡수성 고분자는 사막 녹지화 분야에서 맹활약하고 있다. 지구 여기저기에서 진행되는 사막화를 막지 못하면 인류는 위기에 처할 수밖에 없다. 이 위기를 극복하기 위한 노력의 한 축을 고흡수성 고분자가 맡고 있다.

사막에 고흡수성 고분자를 묻고 그 위에 식물을 심은 다음 물을 듬뿍 뿌린다. 그러면 고분자가 물을 흡수해서 저장해 두고, 이 물로 식물은 한동안 성장할 수 있다. 물을 주는 간격이 길어지면 관리하는 사람도 그만큼 편해지고, 식물이 어느 정도 성장하면 그 후에는 소나기가 내렸을 때 저장한 물만으로도 스스로 버틸 수 있다.

그림 사막 녹지화

▲ 화학은 환경을 해치기도 하지만, 황폐해진 환경을 되살리기도 한다.

column 우리 몸의 화학 반응은 생명의 원천

우리 주변의 화학 반응도 물론 가까이에서 일어나는 반응이지만, 그보다 더 가까이에서 일어나는 화학 반응이 있다. 우리 몸 안에서 일어나는 반응이다. 우리 몸은 그 자체로 일종의 '화학 반응 장치'이기도 하다.

우리 몸 안에서는 1분 1초도 쉬지 않고 화학 반응이 일어나고 있다. 연구에 푹 빠져 연구실에만 틀어박혀 있는 화학자도 우리 몸보다 많은 화학 반응을 일으킬 수는 없다. 심지어 술을 마실 때도 우리 몸은 화학 반응을 일으킨다. 겉으로는 그저 마시고 즐기는 것처럼 보이지만 몸 안에서는 바쁘게 에탄올 산화 반응이 일어난다. 이 반응을 통해 생성된 에너지 덕분에 우리가 노래를 부르며 비틀비틀 집으로 돌아와 현관문을 두드릴 수 있는 것이다.

그런데 몸 안에서 일어나는 화학 반응은 여기서 끝이 아니다. 에탄올이 산화되어 생성된 아세트알데히드는 우리 몸에 해로운 물질이다. 그래서 다음 날 숙취로 머리를 감싸고 드러누워 있어도 우리 몸은 쉬지 않고 열심히 산화 반응을 일으켜 아세트알데히드를 아세트산으로 바꾸고, 다시 이산화탄소와 물로 바꿔서 해로운 물질을 없앤다.

화학 반응이야말로 우리가 살아갈 수 있는 생명의 원천인 셈이다.

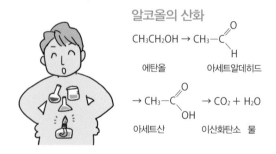

알코올의 산화

$$CH_3CH_2OH \rightarrow CH_3-\overset{\displaystyle O}{\underset{\displaystyle H}{C}}$$

에탄올　　　　　　　아세트알데히드

$$\rightarrow CH_3-\overset{\displaystyle O}{\underset{\displaystyle OH}{C}} \rightarrow CO_2 + H_2O$$

아세트산　　　　　이산화탄소　물

제3장

환경과 화학 반응

환경은 우리가 살아가는 터전이기에 환경이 오염되면 우리는 살아갈 터전을 잃는다. 화학 반응은 우리의 환경을 오염시킨다. 하지만 동시에 오염된 환경을 깨끗하게 되살리는 것 또한 화학이다. 산성비, 오존홀, 지구 온난화와 같은 문제를 해결하려면 화학 반응을 어떻게 활용해야 할까? 지금도 수많은 화학자가 환경문제를 해결하기 위해 쉬지 않고 새로운 화학 반응을 개발하고 있다.

3-1 산성비

우리의 지구는 지금 심각한 공해로 몸살을 앓고 있다. 공해가 초래하는 대표적인 문제는 지구 온난화이며, 그뿐만 아니라 우주에서 날아오는 방사선(cosmic ray)으로부터 지구를 지켜 줄 오존층이 파괴되는 것도 심각한 문제다. 그리고 지금부터 살펴볼 산성비 역시 해결이 시급한 문제다.

● 산성과 염기성의 차이

산성비는 말 그대로 산성을 띠는 비를 의미한다. 물(H_2O)은 수소 이온(H^+)과 수산화물 이온(OH^-)으로 전리(電離)되는 성질을 지녔다. 일반적인 물은 수소 이온과 수산화물 이온의 농도가 같은 중성 상태이지만, 물에는 수소 이온이 더 많은 산성 상태인 물도 있고, 반대로 수산화물 이온이 더 많은 염기성(알칼리성) 상태의 물도 있다.

$$H_2O \rightarrow H^+ + OH^-$$
물　수소 이온　수산화물 이온

표 산성, 중성, 염기성

액성	산성	중성	염기성
H^+의 수	H^+ H^+ H^+ OH^- H^+ H^+ H^+ H^+ H^+ OH^- H^+ H^+ H^+	OH^- OH^- H^+ H^+ H^+ OH^- H^+ OH^- H^+ OH^-	OH^- OH^- OH^- H^+ OH^- H^+ OH^- OH^- OH^-
정성적 표현	H^+가 OH^-보다 많다.	H^+와 OH^-가 같다.	H^+가 OH^-보다 적다.

산성, 중성, 염기성은 용액 안에 있는 수소 이온의 양으로 결정된다.

◉ pH란

수소 이온의 농도는 pH라는 지표로 나타낸다. 중성일 때는 pH가 7이고 pH가 7보다 작으면 산성, 크면 염기성이다. 그리고 pH 수치 1은 10배의 농도 차이를 의미한다. 즉, pH=5인 산성수는 pH=6인 산성수보다 산성의 수준이 10배나 강하고, 수소 이온의 농도는 10배 더 진하다.

산성비의 pH는 7보다 낮다. 그렇다면 평소 내리는 비는 중성일까? 사실 그렇지 않다. 평소에 내리는 비도 산성을 띤다. 어째서일까?

공기 중에는 0.03%의 이산화탄소(CO_2)가 포함되어 있다. 비가 공기 사이를 통과하면서 이산화탄소를 흡수하고, 이산화탄소는 물과 반응해 탄산(H_2CO_3)이라는 산으로 변한다. 그리고 탄산은 전리되어 수소 이온을 방출한다. 그래서 모든 비는 약 pH 5.4 정도의 산성을 띠게 된다.

$$CO_2 \;+\; H_2O \;\rightarrow\; H_2CO_3$$
이산화탄소　　물　　　　탄산

$$H_2CO_3 \;\rightarrow\; H^+ \;+\; HCO_3^-$$
탄산　　수소 이온　탄산수소 이온

◉ 산성비란

산성비란 pH가 5.4보다 낮은 비를 말한다.

그렇다면 산성비는 왜 내리는 걸까? 간단히 말하자면 **황산화물**(SOx)과 **질소산화물**(NOx) 때문이다. 황산화물의 일종인 이산화황(SO_2)은 물에 녹으면 아황산(H_2SO_3)으로 변하면서 수소 이온을 방출한다. 질소산화물도 마찬가지다. 오산화이질소(N_2O_5)도 물에 녹으면 질산(HNO_3)이 된다.

$$SO_2 \;+\; H_2O \;\rightarrow\; H_2SO_3 \;\rightarrow\; H^+ \;+\; HSO_3^-$$
이산화황　　물　　　아황산　　수소 이온　아황산 이온

$$N_2O_5 \;+\; H_2O \;\rightarrow\; 2HNO_3 \;\rightarrow\; 2H^+ \;+\; 2NO_3^-$$
오산화이질소　물　　　질산　　수소 이온　질산 이온

자료 pH 농도

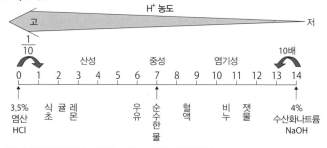

▲ PH 수치가 7이면 중성, 7 이하는 산성, 7 이상은 염기성이다.

황산화물과 질소산화물은 석유나 석탄과 같은 화석 연료를 태울 때 발생한다. 다시 말해 화석 연료의 사용이 산성비를 내리게 하는 원인이다.

● 산성비의 피해

산성비는 어떤 피해를 초래할까? 우선 산성비를 맞으면 금속에 녹이 슨다. 또한 콘크리트는 원래 염기성이지만 산성비로 침식되면 점차 중화되어 강도가 떨어진다. 강도가 떨어진 콘크리트에 금이 가고 틈새로 산성비가 스며들면 내부의 철근이 녹슨다. 녹슨 철근은 팽창하고 철근의 부피가 늘어나면 콘크리트에 생긴 금이 더 벌어지는 악순환이 발생한다.

그뿐만 아니다. 호수나 늪의 산성도가 높아지면 수생동물은 생존을 위협받는다. 또한 산성비 때문에 산에 있는 나무들이 말라 죽으면 산이 가진 보수력이 떨어지고, 비가 조금만 많이 내려도 홍수가 나서 비옥한 흙이 쓸려 내려간다. 이런 상태가 이어지면 식물들이 점차 사라지고 푸르렀던 산은 결국 황폐한 사막으로 변할 수밖에 없다.

3-2 오존홀

태양과 같은 항성은 수소를 이용해 스스로 핵융합 반응을 한다. 하나의 거대한 수소 폭탄인 태양은 이 폭발로 대량의 에너지를 가진 우주 방사선을 방출하고 이 방사선의 일부는 지구까지 도달한다. 만약 태양이 방출한 우주 방사선을 그대로 받았다면 지구상에는 그 어떤 생물도 살아 있지 않을 것이다.

● 지구의 방어벽 오존층

하지만 지구에는 인간을 비롯한 많은 생명체가 살고 있다. 어떻게 된 일일까? 다행히 지구 주위에는 우주 방사선으로부터 우리를 보호해 주는 방어벽이 있다. 우리가 잘 알고 있는 오존층도 그 방어벽 중 하나다.

오존(O_3)은 산소(O_2)와 마찬가지로 산소 원자로 구성된다. 다만 산소 원자의 개수가 다르다. 오존은 어떤 원리로 우주 방사선을 막아 낼까? 오존층에서 일어나는 반응은 다음과 같다.

$$2O_3 + \text{에너지(방사선)} \longrightarrow 3O_2$$
오존   산소

즉, 오존은 방사선이 내뿜는 높은 에너지를 흡수해서 지구에 해롭지 않은 물질로 바꾸는 역할을 한다.

● 오존홀 발견

그런데 1980년대 남극 상공에 있는 오존층에서 구멍이 발견됐다. 오존홀이라는 이름이 붙은 이 구멍을 통해 우주 방사선이 지구로 들어오고 있었다.

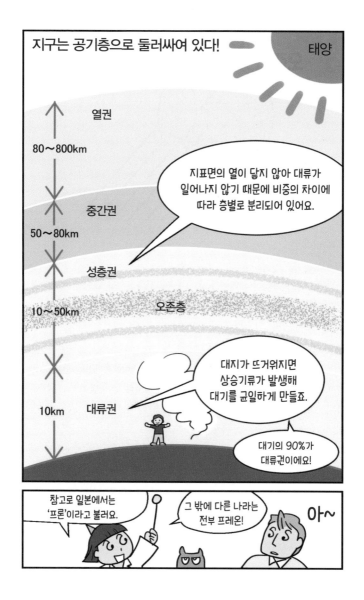

그림 오존홀

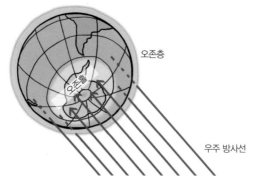

오존층

우주 방사선

▲ 지구를 지켜 주는 방어벽인 오존층에 구멍(오존홀)이 생기면 우주 방사선이 지구로 들어온다.

그 영향으로 피부암이나 백내장 환자가 증가했다. 연구원들은 즉각 오존홀이 생긴 원인을 조사하기 시작했고, 범인은 프레온(CFC)으로 밝혀졌다.

🌑 프레온의 반응

프레온은 자연 상태에는 존재하지 않는다. 프레온은 탄소(C), 불소(F), 염소(Cl)로 만들어진 화합물이며, 종류도 다양하다. 끓는점이 낮고 쉽게 기화되는 특징이 있어서 냉장고나 에어컨의 냉매, 스프레이의 분무 가스, 정밀 전자 기기 세정에 주로 사용됐다.

프레온은 구조적으로 매우 안정적이어서 발견 초기에는 생물에게 해가 없는 '꿈의 화합물'로 여겨지기도 했다. 하지만 실상은 그렇지 않았다. 프레온 가스 중 가장 구조가 단순한 프레온 11(삼염화 플루오린화 탄소, CCl_3F)을 대상으로 프레온이 오존 분자를 파괴하는 원리를 살펴보자. 화학식은 다음과 같다.

$$CCl_3F \ + \ 자외선 \ \rightarrow \ CCl_2F \cdot \ + \ \cdot Cl$$
삼염화 플루오린화 탄소　　　　　　염소 라디칼　　　　　　　　(반응식 1)

$$\cdot Cl \ + \ O_3 \ \rightarrow \ O_2 \ + \ \cdot ClO \qquad \text{(반응식 2)}$$
염소 라디칼　오존　　　산소　　일산화염소 라디칼

$$2 \cdot ClO \ \rightarrow \ O_2 \ + \ 2 \cdot Cl \qquad \text{(반응식 3)}$$
일산화염소 라디칼　　　산소　　염소 라디칼

우주 방사선의 일종인 자외선이 프레온 11을 분해해서 염소 라디칼
($\cdot Cl$, 염소 원자와 같은 의미)을 생성하고(**반응식 1**), 생성된 염소 라디칼이
오존과 반응해 오존을 산소와 일산화염소 라디칼($\cdot ClO$)로 분해한다(**반응
식 2**). 이 반응을 통해 오존이 파괴된다.

그런데 사실 진짜 문제는 그다음이다. 프레온에서 발생한 일산화염소 라
디칼은 다시 염소 라디칼로 재생된다(**반응식 3**). 즉, 프레온 분자 하나가 몇
번이고 반복해서 오존을 파괴할 수 있다는 의미다. 실제로 프레온 분자 한
개는 수천~1만 개의 오존 분자를 파괴한다.

표 프레온의 종류

물질	화학식	분자량	끓는점(℃)	용도	지구 온난화 계수
프레온 11	CCl_3F	137.4	23.8	발포제, 에어로졸, 냉매	4500
프레온 12	CCl_2F_2	120.9	−30.0	냉매, 발포제, 에어로졸	7100
프레온 113	$CClF_2CCl_2F$	187.4	47.6	세정제, 용매	4500

프레온은 지구 온난화 계수도 매우 커서 취급 시 주의가 필요하다.

🔵 **대책**

1987년에 몬트리올 의정서가 체결되면서 프레온의 사용량과 생산량은
꾸준히 감소하고 있다. 하지만 프레온은 공기보다 무거운 기체다. 높은 상
공에 있는 오존층에 프레온이 도달하려면 상승기류나 대류를 타고 올라가
야 하기 때문에 10년 정도의 시간이 걸린다. 따라서 프레온의 사용을 중단
했다고 해서 당장 오존홀이 닫히는 것은 아니다.

3-3 플라스틱의 생분해

플라스틱 폐기물 문제가 심각하다. 만들기 쉽고 튼튼하며 오래 쓸 수 있다 보니 일상생활 여기저기서 플라스틱 제품을 사용하지만, 튼튼하고 오래 쓸 수 있다는 장점은 뒤집어 생각하면 단점이기도 하다. 오래 가는 만큼 쓸모없어진 플라스틱을 처리하기가 쉽지 않기 때문이다. 좋은 방법이 없을까?

● 플라스틱이란

플라스틱은 화학적으로 '고분자'라고 불리는 분자의 일종이다. 분자량이 많은 분자를 의미하는 고분자는 원래 수많은 원자가 결합해서 생긴 거대한 분자를 의미했지만, 요즘은 다른 의미로 쓰이기도 한다.

한 종류 또는 여러 종류의 단순한 구조를 가진 단위분자가 반복해서 결합한 물질도 고분자라고 한다. 그래서 고분자는 주로 길이는 길지만 단순한 고리가 반복적으로 연결된 구조인 사슬을 예로 들어 설명한다. 사슬의 고리 하나가 단위분자가 된다.

● 고분자의 종류

고분자는 종류가 다양하다. 우선 전분이나 단백질처럼 자연 상태에 존재하는 천연고분자와 인간이 인위적으로 만든 합성고분자가 있다.

또한 폴리에틸렌과 같은 일반적인 합성고분자는 가열하면 유연성이 생기는 열가소성 고분자로 분류하고, 그릇과 같이 식기로 사용하는 고분자는 가열해도 형태가 무너지지 않는 열경화성 고분자로 분류한다. 우리가 일반적으로 '플라스틱'이라고 부르는 물질은 열가소성 고분자로 만든 고체다. 그리고 플라스틱을 세게 잡아당겨서 최대한 길게 늘여 실 형태로 만들면 합성섬유가 된다. 따라서 플라스틱과 합성섬유는 분자 구조가 같다. 페

자료 고분자의 분류[5]

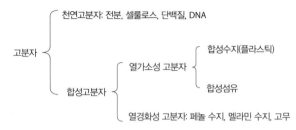

트(PET)병의 원료로 만든 합성섬유가 바로, 우리가 잘 아는 폴리에스테르(polyester)다.

● 플라스틱 폐기물

필요 없어진 고분자는 당연히 폐기한다. 하지만 일반 쓰레기와 달리 고분자 쓰레기는 잘 썩지 않고, 오랜 시간이 흘러도 원형 그대로를 유지한 채 방치된다.

예전에 암벽 위에서 바다를 바라보다가 물에 떠다니는 해파리를 발견한 적이 있다. 하지만 눈을 크게 뜨고 다시 자세히 보니 비닐 쓰레기였다. 이런 일이 인간에게는 그저 웃고 넘길 수 있는 하나의 해프닝이지만, 바다거북에게는 생존이 걸린 문제다. 해파리인 줄 알고 삼켰다가 장폐색으로 목숨을 잃기도 한다.

또한 낚시꾼들이 많이 오는 해안 근처 바닷속에는 낚싯줄이 잔뜩 떠다닌다. 이 낚싯줄이 바닷새의 다리에 감기면 어떻게 될까? 역시 목숨을 잃을 수 있다.

● 생분해성 고분자

그렇다면 우리가 사는 환경 속에서 자연스럽게 분해되는 합성 고분자는

---

5 단, 천연고무는 천연고분자다.

없을까? 이런 생각에서 개발된 것이 세균으로 분해되는 **생분해성 고분자**다.

그중 하나인 젖산은 원래 젖산균이 생성하는 물질이며, 세균의 먹이가 되는 물질이어서 젖산으로 만든 고분자는 자연스럽게 세균에 의해 분해된다. 다만 다른 고분자에 비해 내구성이 약하다. 젖산으로 만든 **폴리젖산**은 생리 식염수에 담가 두면 6개월도 지나지 않아 반은 녹아 없어진다. 심지어 **폴리글리콜산**은 고작 2~3주면 반이 사라진다. 2주 만에 녹아 버리는 고분자는 반찬을 보관하는 통을 만들기에는 적합하지 않다.

하지만 이와 같은 고분자도 그에 맞는 쓰임새가 있다. 폴리글리콜산은 실 형태로 만들어 수술 봉합사로 사용한다. 폴리글리콜산으로 만든 봉합사는 몇 주 후에는 자연 분해되어 몸에 흡수되기 때문에 따로 실밥을 제거할 필요가 없어 환자의 부담을 덜어 준다.

다만 동맥을 봉합할 때는 사용하지 않는다. 강한 맥동을 견디지 못하고 봉합한 부분이 파열되면 목숨이 위험할 수 있기 때문이다. 그래서 의료현장에서는 실에 특별한 색을 입혀서 구별하고 있다.

표 생분해성 고분자

	생리 식염수 속에서의 반감기	용도
폴리글리콜산(PGA)	2~3(주)	수술용 봉합사
폴리젖산	4~6(개월)	용기, 의류

생분해성 고분자는 강도가 약하다.

3-4 해수 담수화

지진이나 태풍이 발생하면 집이 무너지거나 지붕이 날아가는 일차적인 피해에 그치지 않을 때가 많다. 전선이 끊어져 정전이 발생하거나 수도관이 파열되어 단수가 일어나기도 한다. 연안 지역에 살아도 눈앞에 있는 바닷물을 생활용수로 이용할 수 없으니 단수가 되면 괴롭기는 모두가 마찬가지다. 코앞에 물이 있는데도 물 부족으로 고생하는 모순적인 상황을 해결할 방법은 없을까? 사실 아주 간단하게 해결할 수 있다.

● 이온

전하를 띤 원자나 분자를 이온이라고 한다. 이온에는 양전하(+)를 띤 양이온과 음전하(-)를 띤 음이온이 있다. 한때 건강에 좋다고 주목을 받았던 음이온이 다름 아닌 수산화물 이온(OH^-)이다.

또한 모든 금속 원자는 전자를 방출해서 양이온이 되려는 성질을 가졌다. 그래서 나트륨(Na)은 전자 한 개를 방출해 1가 양이온(Na^+)이 되고, 철(Fe)은 세 개의 전자를 방출해 3가 양이온(Fe^{3+})이 된다.

이온에는 그 밖에도 매우 다양한 종류가 있다. 전기적으로 중성인 분자가 양이온과 음이온으로 전리(電離)되는 일은 우리 주변에서도 흔히 볼 수 있다. 예를 들어 물은 극히 일부이기는 하지만 전리되어 수산화물 이온(OH^-)과 수소 이온(H^+)으로 분해되고, 우리가 소금이라고 부르는 염화나트륨(NaCl)은 물에 녹으면 대부분 완전한 나트륨 이온(Na^+)과 염화물 이온(Cl^-)으로 전리된다. 일반적으로 우리는 바닷물에 염분이 들어 있다고 말하지만 정확히 말하면 바닷물에 들어 있는 물질은 나트륨 이온과 염화물 이온이다.

H_2O	$\rightarrow$	H^+	$+$	OH^-
물		수소 이온		수산화물 이온
NaCl	$\rightarrow$	Na^+	$+$	Cl^-
염화나트륨		나트륨 이온		염화물 이온

● 이온 교환 수지

앞에서도 설명했듯이 고분자의 한 종류인 플라스틱(합성수지)은 종류가 다양하며, 특정 이온을 다른 이온으로 치환하는 이온 교환 수지도 그중 하나다. 이온 교환 수지에는 양이온을 다른 양이온과 바꾸는 양이온 교환 수지와 음이온을 바꾸는 음이온 교환 수지가 있다.

예를 들면 양이온 교환 수지는 나트륨 이온과 수소 이온을 교환하고, 음이온 교환 수지는 염화물 이온과 수산화물 이온을 맞바꾼다. 이 반응에는 열이나 전기가 필요하지 않다. 이온 교환 수지에 이온 용액을 붓기만 하면 된다.

자료 이온 교환 수지의 반응

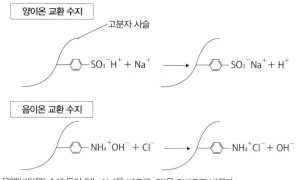

▲ 용액(바닷물) 속에 들어 있는 Na^+을 H^+으로, Cl^-을 OH^-으로 바꾼다.

● 해수 담수화

먼저 유리로 만든 원통에 모래 형태로 가공한 양이온 교환 수지와 음이온 교환 수지를 채운다. 이 원통에 바닷물을 부으면 바닷물 속 나트륨 이온은 수소 이온과, 염화물 이온은 수산화물 이온과 자리를 바꾼다. 그 결과 원통의 아래쪽에서 나오는 물은 소금(NaCl)기가 없는 담수가 된다. 이 반응에는 에너지가 전혀 필요하지 않다. 바닷물을 원통에 붓기만 하면 되기 때문에 재해로 전기와 가스 같은 에너지 공급 인프라가 파손되더라도 해당 지역에 물을 공급할 수 있다.

물론 교환 수지라고 계속해서 해수를 담수로 바꿀 수는 없다. 수지가 가지고 있던 수소 이온과 수산화물 이온을 전부 나트륨 이온이나 염화물 이온과 교환하고 나면 더는 사용할 수 없다. 다만 그렇다고 해서 완전히 쓸모없어지는 것은 아니다. 산이나 염기(알칼리) 수용액을 부어 주면 능력을 회복해 몇 번이고 다시 쓸 수 있다.

그림 해수의 담수화

▲ 열이나 전기를 사용하지 않고 해수를 담수로 바꿀 수 있어 구명보트에 꼭 필요한 아이템이다.

3-5 PCB 분해

주로 PCB라 불리는 폴리염화바이페닐은 독성을 띤 환경오염 물질로 유명하다. 일본은 과거에 심각한 문제를 일으켰던 수만 톤의 PCB를 보관하고 있지만, 적절한 분해 방법을 찾지 못해 50년이 넘도록 계속 보관만 하고 있다. 그러다 최근에서야 겨우 효율적인 분해 방법이 개발되었다. 간단히 말하면 물을 사용하는 방법인데 당연히 평범한 물은 아니다.

● PCB

아래 **자료**와 같이 PCB는 바이페닐에 붙어 있는 10개의 수소(H) 중 몇 개가 염소(Cl)로 치환된 구조를 띠고 있다. 따라서 염소의 개수는 한 개에서 열 개까지 다양하다. 여기에 위치 변화까지 고려하면 얼마나 다양한 종류의 PCB가 존재하는지 짐작할 수 있다.

PCB는 자연 상태에는 존재하지 않는다. 1881년 독일에서 개발되었고 1929년부터 미국에서 대량으로 생산되기 시작했다. 구조가 안정적인 PCB는 열이나 빛, 산, 알칼리에 모두 강하고 절연성도 뛰어나 변압기 오일로 많이 사용됐다. 그 외에도 열매체(熱媒体)나 인쇄 잉크를 비롯해 다양한 방면에서 사용했었다. 실로 '꿈의 화합물'이라고 할 수 있을 정도였다.

자료 PCB 합성

바이페닐 → Cl_2 → PCB Cl_m $1 \leq m+n \leq 10$ Cl_n

▲ 바이페닐의 수소 원자 일부를 염소 원자로 치환하면 PCB가 된다.

현재 일본에는 약 5만 톤의 PCB가 남아 있다.

한 초등학교에서

가아

뚜륵...

낡은 형광등 안정기가 부서지면서
PCB가 새어 나온 일이 있었고

예전에는 관공서에서 PCB 잉크를 사용했었다. 당시 사용한
복사 용지를 보관하고 있었는데,

한 신문사가 조사해 본 결과 상당한 양이 잘못된 방법으로
폐기되었다고 한다.

안정적인 물질이라
편리해서 좋지만,

환경에 미치는 악영향이나
폐기 방법을 고려해서

맞아.

맞아,

진지!

신중하게 다뤄야 해요.

어리고 예쁘다는 이유로 아이돌을 너무
치켜세우는 것도 좋지 않으니까....

하~

응?
무슨 말이야...?

꺄아!

와~

나이를 먹을수록
본인도, 주변
사람들도
힘들어져.

맞아, 맞아.

● 카네미유증 사건

그러던 중 1968년 서일본 일대에서 **카네미유증** 사건이 터졌다. 열매체로 사용하던 PCB가 쌀겨유 안에 섞여 들어갔고 이 식용유를 먹은 사람들에게 중증 피부 장애와 간 기능 장애가 나타났다.

PCB의 독성이 확인되면서 사용 중지 권고가 내려졌지만 문제는 바로 해결되지 않았다. PCB는 안정적인 물질이다 보니 분해해서 독성을 제거할 방법이 마땅히 없었다. 어쩔 수 없이 독성 제거 방법을 개발할 때까지 안전하게 보관할 수밖에 없었고, 이후 50년 이상이 지난 지금까지도 처리가 끝나지 않았다. 그 사이 환경에 노출된 양이 어느 정도일지 확실히 측정할 수는 없지만, 현재 일본이 보관하고 있는 PCB의 양은 약 5만 톤에 달한다.

● PCB 분해

지금까지 많은 화학자가 PCB 분해 방법 개발에 매진해 왔다. 분해하지 않고 그냥 태워 버릴 수도 있지만 태우면 환경에 해로운 염소가 방출된다. 또한 PCB와 다이옥신[6]은 형제처럼 붙어 다니는 물질이니 연소 장치 안에서 다이옥신이 생성될 수도 있다. 이런저런 영향을 고려하면 태워 버릴 수도 없었다. 여러 가지 아이디어가 나왔지만 대량의 PCB를 효율적으로 분해할 방법이 없었다. 그러다 최근에 **초임계수**(supercritical water)라는 특수한 상태의 물을 활용하는 방법을 찾아냈다.

초임계수는 고온고압의 물을 말한다. 액체가 기체로 변할 때는 끓는 현상이 발생한다. 1기압의 물은 100℃에서 끓어 수증기가 된다. 하지만 2기압에서 끓으려면 100℃ 이상의 온도가 필요하고, 기압이 일정 수준 이상으로 올라가면 아무리 온도를 높여도 끓지 않는다. 이때 고온 상태를 유지하면서 압력을 낮추면 물이 수증기로 변해 버린다. 다시 말해 물이라는 액체가 끓지 않고 바로 기체가 된다.

끓는 현상이 발생하지 않는 고온고압의 상태를 초임계 상태라고 하며 이

---

6 다이옥신: 염소 화합물의 연소 과정에서 발생하는 유기물질

때의 물을 초임계수라고 한다. 초임계수는 액체와 기체의 성질을 모두 가지고 있다. 또한 유기물을 녹일 수 있고 산화 능력도 있다.

이 물을 사용하면 PCB를 분해할 수 있다는 사실이 밝혀졌고, 현재 몇 군데 시설에서 PCB 분해 사업이 진행 중이다. 또한 초임계수를 유기화학 반응의 반응 용매로 활용하면 유기 폐액이 생기지 않아 환경오염도 줄일 수 있다.

그림 PCB 분해

▲ 고온고압 상태에 있는 초임계수는 유기물을 녹이고 산화시키는 능력이 있어 유기화학 반응의 새로운 용매로 주목받고 있다.

수돗물의 정화·살균

여러 가지 생활 인프라 중에서 가장 중요한 것을 꼽자면 역시 수도다. 전기나 가스는 며칠 끊겨도 어떻게든 버틸 수 있지만 마실 물은 우리의 생명과 직결되는 문제인 만큼 수도가 끊기면 단 하루도 버티기 힘들다. 그래서 우리는 투명하고, 냄새도 맛도 없는 깨끗한 물이 수도꼭지만 틀면 당연히 쏟아질 거라고 믿는다. 하지만 사실 수돗물도 여과하기 전에는 강이나 호수에 있던 물이었다.

● **투명화**

자연 상태의 물은 많든 적든 오염물 때문에 어느 정도 탁한 상태이다. 그래서 사용하기 전에 우선 오염물을 제거해 맑은 상태로 만들어야 한다. 대부분은 그대로 두기만 해도 시간이 지나면서 오염물이 가라앉고 투명해지지만, **콜로이드 입자(colloid)**는 가라앉지 않는다.

그림 콜로이드 입자의 응집

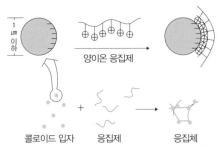

▲ 그림에서 −로 표시된 콜로이드 입자의 전하를 중화해서 응집시킨다.[7]

---

7 大澤善次郎, 『入門高分子科学 입문고분자화학』, 1996.

콜로이드 입자는 단백질과 같이 크기가 큰 분자 수백 개가 모여서 만들어진다. 우유가 하얗고 불투명한 이유는 콜로이드 용액이기 때문이다. 콜로이드 입자 표면에 있는 전하가 반발력을 이용해 서로를 밀어내면서 입자들이 가라앉지 못하게 한다. 이 현상을 막으려면 고분자 계열의 응집제를 넣어 주면 된다. 긴 사슬 형태의 분자인 응집제는 많은 양의 전하를 가지고 있고, 이 전자가 콜로이드 입자와 결합해서 덩어리를 형성한다.

● 수돗물의 살균

수돗물은 표백분이라고 부르는 **하이포아염소산칼슘**[$Ca(ClO)_2$]으로 살균한다. 표백분의 살균작용은 한마디로 정의하면 결국 산화작용이다. 발생기의 산소(O)를 이용한 반응이며 화학 반응식은 다음과 같다.

$$Ca(ClO)_2 \quad \rightarrow \quad CaCl_2 \quad + \quad 2(O)$$
하이포아염소산칼슘   염화칼슘   발생기 산소

그런데 표백분에서는 흔히 소독약 냄새라고 하는 특유의 냄새가 난다. 또한 살균 과정에서 주반응 외에 부반응으로 염소(Cl_2)가 발생하기도 한다. 염소는 그 자체로도 독성이 있는 물질이며, 물에 포함된 휴믹(humic) 물질과 반응하면 암을 유발하는 **클로로포름**($CHCl_3$)이 발생할 우려도 있다. 따라서 되도록 사용하지 않는 편이 좋다. 그래서 최근에는 특수한 막을 이용해 세균을 없애는 정화 방법을 사용한다.

● COD, BOD

수질은 **산소 요구량**과 **경도**로 나타낸다.

산소 요구량은 물에 포함된 유기물의 양을 나타내는 지표이며, 그중 산소를 통해 유기물을 화학적(chemical)으로 분해할 때 필요한 산소량을 **화학적 산소 요구량(COD)**이라고 한다.

또한 미생물을 이용해(biological) 유기물을 분해할 때 필요한 산소량은

생물학적 산소 요구량(BOD)이라고 한다. 둘 다 수치가 낮을수록 좋은 수질을 의미한다.

● 물의 경도

물에는 단물과 센물이 있다. 센물과 단물은 물에 포함된 미네랄(주로 칼슘과 마그네슘)의 양으로 구분하며, 미네랄이 많으면 센물, 적으면 단물이 된다. 이때 물의 경도는 미네랄의 양을 탄산칼슘($CaCO_3$)으로 환산한 양으로 표시한다. 참고로 한국과 일본에는 단물이 많은 편이다.

빨랫비누[지방산 나트륨염(RCO_2Na)]로 세탁을 하던 시절에는 센물을 사용하면 비누가 불용성인 지방산 칼슘염[$(RCO_2)_2Ca$]으로 변하기 때문에 빨래할 때는 센물보다 단물이 좋다고들 했지만, 요즘은 비누로 빨래를 하는 집이 거의 없으니 크게 신경 쓸 일은 없다.

마시는 물로서는 센물이든 단물이든 개인 취향의 문제이니 좋아하는 쪽을 마시면 된다. 일반적으로 미네랄워터라고 불리며 시중에서 판매되는 생수 중에는 풍부한 미네랄이 함유된 센물도 있다.

표 물의 경도

구분	경도(mg/L)
단물	0~60(0~75)
약한 단물	60~120(75~150)
센물	120~180(150~300)
아주 센물	180 이상(300 이상)

( ) 안의 수치는 한국의 기준이다.

표 세계와 일본의 물

	칼슘 이온	마그네슘 이온
일본 평균	8.8mg/L	1.0mg/L
세계 평균	15mg/L	4.1mg/L

미네랄워터는 센물을 의미하며 미네랄 성분을 보충하기에는 안성맞춤이다.

3-7 황산화물과 질소산화물의 제거

환경이 오염되면서 지구 온난화, 오존홀, 산성비, 광화학 스모그와 같이 다양한 문제가 발생하고 있다. 화학 물질이 환경오염을 일으키는 원인이라는 사실이 화학자로서 부끄러울 따름이다. 원인이 되는 화학 물질에는 이산화탄소를 비롯해 프레온, 황산화물(SO_x), 질소산화물(NO_x)이 있다. 이중 황산화물과 질소산화물은 어떤 물질이며, 어떤 피해를 불러오는지 살펴보자.

● 황산화물과 질소산화물

석탄, 석유, 천연가스와 같은 화석 연료에는 황과 질소 성분의 불순물이 포함되어 있다. 그래서 화석 연료를 태우면 각각 산화된 황산화물과 질소산화물이 발생한다.

황산화물과 질소산화물은 그 종류가 매우 다양하다. 아래 표와 124쪽 **표**에 황산화물과 질소산화물의 종류를 정리했으니 참고하기 바란다. 그런데 이 물질들을 자주 다루는 화학자도 아닌 일반 사람들이 이렇게 다양한 산화물의 이름을 굳이 알 필요가 있을까? 그래서 편의상 황산화물은 황산(S)과 산소(O)가 적당한 비율(원자수비) x로 결합했다는 의미에서 'SO_x'로 표기하고 '속스'라고 하기로 했다. 마찬가지로 질소산화물은 'NO_x'로 표기하고 '녹스'라고 한다.

표 SO_x의 종류와 산화수

산화수	-2	0	2	4	6	7	8
화학식	H_2S	S	SO	SO_2	SO_3	S_2O_7	SO_4
성질	무색	–	무색	무색	흰색	무색	흰색
	기체	–	기체	기체	고체	기름	고체

표 NOx의 종류와 산화수

산화수	−3	−2	−1	0	1	2	3	4	5
화학식	NH_3	N_2H_4	NH_2OH	N_2	N_2O	NO	N_2O_3	NO_2 N_2O_4	N_2O_5
성질	무색	무색	무색	무색	무색	적갈색	노란색	무색	무색
	기체	액체	고체	기체	기체	기체	기체	액체	고체

SOx와 NOx에는 기체뿐 아니라 액체나 고체인 것도 있다.

● 황산화물과 질소산화물이 미치는 피해

1970년대 일본의 미에현 욧카이치시에서 집단으로 천식 환자가 발생했다. 욧카이치 천식으로 기록된 이 사건은 조사 결과, 당시 가동 중이던 욧카이치시의 석유화학 공단에서 배출한 매연에 포함된 황산화물이 원인이었다. 황산화물이나 질소산화물은 물에 녹으면 산이 된다. 예를 들어 이산화황(SO_2)은 물과 반응하면 아황산(H_2SO_3)이 되고, 오산화이질소(N_2O_5)는 질산(HNO_3)이 된다.

$$SO_2 + H_2O \rightarrow H_2SO_3$$
이산화황   물   아황산

$$N_2O_5 + H_2O \rightarrow 2HNO_3$$
오산화이질소 물   질산

다시 말해 황산화물과 질소산화물이 비에 녹으면 산성비가 되고, 질소산화물은 광화학 스모그의 원인 물질이기도 하다.

● 황산화물과 질소산화물의 제거

다행히도 일본의 4대 공해병 중 하나로 기록된 욧카이치 천식은 사라졌다. 그 후로 일본 기업들이 공장에 **탈황** 장치를 설치해 배출가스에서 황산화물을 제거했기 때문이다. 탈황 장치 덕분에 현재 공장과 자동차가 내뿜는 황산화물의 양은 과거에 비해 크게 줄었다.

탈황 장치는 작동 원리에 따라 두 가지로 나뉜다. 하나는 연소 전 연료에 수소를 첨가해 황(S)을 황화수소(H_2S)로 분리하는 방법이고, 다른 하나는 연소 후 발생한 황산화물을 탄산칼슘($CaCO_3$)으로 흡수해서 석회 성분인 황산칼슘($CaSO_4$)으로 바꾸는 방법이다. 황화수소나 황산칼슘은 그 자체로도 중요한 화학 원료다. 이 원료들을 연료나 배출가스에서 공짜로 얻을 수 있으니 탈황 장치는 확실히 기업에 득이 되는 설비다.

$$S + H_2 \rightarrow H_2S$$
황 수소 황화수소

$$SO_2 + CaCO_3 \rightarrow CaSO_4 + CO$$
이산화황 탄산칼슘 황산칼슘 일산화탄소

한편 질소산화물은 백금과 같은 귀금속이 포함된 고성능 촉매인 삼원촉매를 이용해 분해한다. 이 촉매는

① 배출가스 속 질소산화물을 질소(N_2)와 산소(O_2)로 분해한다.
  $NOx \rightarrow N_2, O_2$
② 불완전연소로 발생한 일산화탄소(CO)를 이산화탄소(CO_2)로 산화시킨다.
  $CO \rightarrow CO_2$
③ 반응하지 않은 탄화수소(CH)를 이산화탄소와 물로 산화시킨다.
  $CmHn \rightarrow CO_2, H_2O$

하지만 이런 노력에도 대기 중 질소산화물의 농도는 생각만큼 줄어들지 않았다. 추가적인 정화 방법이 필요한 상황이다.

또한 삼원촉매로 쓰이는 백금(Pt)이나 팔라듐(Pd)은 고가의 귀금속이기 때문에 저렴한 원료를 사용한 새로운 촉매 개발도 필요하다.

3-8 화재 진압

화재는 무서운 재앙이다. 재산과 추억은 물론 때로는 목숨까지도 앗아 간다. 그러니 불이 나면 무조건 119에 신고부터 하자. 하지만 소방차가 오기 전에 급하게 불을 꺼야 하는 상황이라면 어떻게 해야 할까? 이럴 때를 위해 우리에게는 소화기가 있다. 그런데 소화기는 물 없이 어떻게 불을 끌수 있는 걸까?

● 화재 발생 조건

화재란 사물에 불이 붙어 타는 현상을 말한다. 무언가가 탄다는 것은, 즉 산화한다는 뜻이며 결국 대상물을 구성하는 분자가 산소와 결합한다는 말이다.

따라서 불을 끄는 방법은 간단하다. 분자가 산소와 반응하지 못하도록 하면 된다. 분자가 산소와 반응하려면 다음의 세 가지 조건이 필요하다.

① 가연물이 있다.
② 산소가 충분하다.
③ 온도가 높다.

그림 발화의 세 가지 조건

① 가연물이 있다.

② 산소가 충분하다.

③ 온도가 높다.

▲ 세 가지 조건 중 한 가지라도 부족하면 불이 붙지 않는다. 즉, 불을 끌 수 있다.

● 소화 방법

너무 당연한 소리라고 황당해할 사람도 있겠지만 가장 정확한 설명이다. 일본의 대하드라마를 보면 가끔 과거 일본 소방수들이 불을 끄는 장면이 등장하는데, 잘 보면 이때 소방수들이 ①번 조건에 근거해서 가연물을 제거하는 방법을 사용한다. 화재 발생지 가까이에 있는 집을 미리 무너뜨려서 가연물을 제거해 불이 번지는 것을 막는다.

또한 앞서 1-7에서 설명했듯이 금속 화재는 현대의 소방 기술로도 어찌할 도리가 없어 지금도 불이 번지지 않도록 막으며 가연물이 다 타기를 기다리는 것이 최선이다. 어찌 보면 과거의 방식과 비슷하다.

하지만 일반적으로는 화재가 발생했을 때 이런 방법으로 불을 끄지는 않는다. 현대의 소화 방법은 주로 ②번과 ③번 조건을 이용한다. 가장 빠른 방법은 역시 물을 뿌리는 것이다. 물을 뿌리면 물의 온도와 기화열을 이용해 불이 난 곳의 온도를 낮추는(③) 동시에 액체인 물과 기체인 수증기가 만든 막으로 산소를 차단하는(②) 시너지 효과를 낼 수 있다.

● 소화기

사실 물을 뿌리는 방법보다 더 효과적인 수단이 소화기를 이용하는 방법이다. 소화기에는 다양한 종류가 있지만 일반적으로 가장 많이 쓰는 소화기는 분말소화기다. 불이 난 곳에 분말소화기 안에 들어 있는 탄산수소나트륨

그림 물의 소화 작용

기화열을 이용해
온도를 낮춤

수증기를 이용해 산소를 차단

▲ 물은 가까이에서 구할 수 있는 가장 강력한 소화 도구다.

(NaHCO$_3$) 가루를 분사하면 열에 의해 탄산수소나트륨이 분해돼서 이산화탄소(CO$_2$)가 발생하고, 이산화탄소가 산소를 차단한다.

$$2NaHCO_3 \quad \rightarrow \quad CO_2 \quad + \quad H_2O \quad + \quad Na_2CO_3$$

탄산수소나트륨   이산화탄소   물   탄산나트륨

요즘은 그보다 효과가 좋은 제1인산암모늄(NH$_4$H$_2$PO$_4$) 가루를 사용하기도 한다. 제1인산암모늄이 분해되어 발생하는 암모늄 이온(NH$_4^+$)과 인산 이온(PO$_4^{3-}$)이 산화 반응의 확대를 막는다. 이처럼 산소를 차단하는 원리를 이용한 소화기를 'ABC 소화기'라고 하며, ABC 소화기는 A, B, C급 화재에 모두 대응할 수 있는 만능 소화기라는 의미다. 화재 등급은 다음과 같이 정해져 있다.

A급 화재: 나무 등의 가연물로 발생한 보통 화재
B급 화재: 기름, 휘발유 등의 가연물로 발생한 유류 화재
C급 화재: 변압기, 배전반 등에서 발생한 전기 화재

또한 거품이 발생하는 거품 소화기도 있다. 거품 소화기는 탄산수소나트륨과 황산알루미늄[Al$_2$(SO$_4$)$_3$]의 반응으로 발생한 이산화탄소가 거품을 확산시켜서 불을 덮어 산소를 차단한다.

$$6NaHCO_3 \quad + \quad Al_2(SO_4)_3 \quad \rightarrow \quad 6CO_2 \quad + \quad 3Na_2SO_4 \quad + \quad 2Al(OH)_3$$

탄산수소나트륨   황산알루미늄   이산화탄소   황산나트륨   수산화알루미늄

3-9 인공 강우

누구나 한 번쯤은 운동회나 소풍 전날에 내일 비가 내리지 않게 해 달라고 기도했던 추억이 있을 것이다. 그리고 반대로 장마철에 햇볕만 쨍쨍 내리쬐면 제발 비 좀 내려 달라고 빌기도 한다. 비는 너무 많이 와도, 너무 적게 와도 문제다. 요즘 내리는 집중호우나 국지성 호우를 보면 전에 보지 못했던 강력한 위력에 무서울 때도 있지만, 전 세계로 눈을 돌려 보면 미국 캘리포니아주처럼 가뭄이 심각해 고통받는 곳도 있다. 과거에는 가뭄이 들면 바로 기근과 흉작으로 이어졌으니 비가 내리지 않으면 신에게 간절히 빌 수밖에 없었을 것이다. 그래서인지 우리는 지금도 비와 관련해 신에게 기도를 드린다.

● 비의 화학

비는 하늘에서 떨어지는 액체 상태의 물이다. 하지만 하늘에 항상 액체 상태의 물이 존재하는 것은 아니다. 하늘에 액체 상태의 물이 생기는 이유는 물의 **상태 변화** 때문이다. 여기서 상태 변화란 고체 ↔ 액체 ↔ 기체로 물질의 상태가 변하는 것을 의미한다.

영하 15℃ 이하의 구름 속에 생긴 작은 얼음 알갱이가 주변의 수증기를 흡수해서 눈이 되고, 그 눈이 녹아서 액체가 되어 땅으로 떨어지면 비가 된다. 따라서 비를 내리게 하려면 우선 구름 속에 얼음 알갱이부터 만들어야 한다. 이 알갱이는 파도가 일으킨 물보라로 뿜어 올려진 소금($NaCl$)이나 지상에서 발생한 먼지와 같이 공기 중을 떠다니는 미세한 입자들로 만들어진다. 이 미립자가 응결핵이 되고 그 주변에 구름 속 수증기가 낮은 온도에서 얼어서 달라붙으면 얼음 알갱이가 생긴다.

응결핵 → 얼음 알갱이 → 눈 → 비

그림 비가 내리는 원리

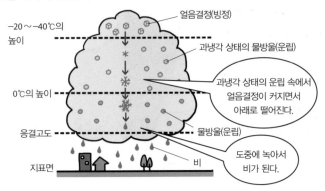

-20～-40℃의 높이

얼음결정(빙정)

과냉각 상태의 물방울(운립)

과냉각 상태의 운립 속에서 얼음결정이 커지면서 아래로 떨어진다.

0℃의 높이

응결고도

물방울(운립)

지표면

비

도중에 녹아서 비가 된다.

▲ 비는 구름 속에 생긴 얼음이 녹아서 생긴 물이다.

● 인공 강우

따라서 비가 내리려면 먼저 응결핵이 될 입자와 저온의 구름이 필요하다. 어느 정도 발달한 적운이나 층적운의 위쪽 온도는 0℃ 이하이지만 실제로는 영하 15℃ 정도까지는 얼음이 얼지 않는다. 이 상태를 **과냉각**이라고 한다.

과냉각 상태는 불안정하기 때문에 여기에 응결핵이 될 만한 물질을 뿌리면 얼음 알갱이가 생기고, 이 알갱이가 눈이 되어 비가 내릴 가능성이 생긴다. **구름씨뿌리기**(cloud seeding), 또는 단순히 씨뿌리기라고 하는 이 방법을 이용해 요즘은 인공적으로 비를 내리게 할 수도 있다.

● 비의 응결핵

그렇다면 어떤 입자를 응결핵으로 사용해야 효과적일까? 과거에는 비가 오지 않으면 주술사가 큰 모닥불을 피워 놓고 제를 올리며 주문을 외우기도 했다. 아마도 주문은 아무런 도움이 되지 않았겠지만, 엄청난 양의 장작을 태웠다면 연기(매연)가 구름에 닿아 응결핵이 되었을 수도 있으니 아주 터무니없는 방법은 아니다.

그림 육방정계(수정)

또한 러시아에서는 비행기를 이용해 응결핵으로 사용할 시멘트 가루를 하늘에 뿌리다가 시멘트 주머니가 통째로 떨어지는 바람에 만화에서나 벌어질 법한 사고가 난 적도 있다고 한다.

하지만 일반적으로 응결핵의 재료로는 드라이아이스(CO_2)나 요오드화은(AgI)을 사용한다. 비행기로 하늘에 드라이아이스를 뿌리면 구름의 온도가 내려가고 드라이아이스의 입자가 응결핵이 된다. 또한 요오드화은은 결정의 형태가 **육방정계**로 얼음결정과 비슷해 응결핵으로 사용하기에 더 효과적이다.

하늘에 뿌릴 때는 비행기를 이용하기도 하고 로켓이나 대포를 이용해 쏘아 올리기도 한다. 요오드화은은 지상에 연기를 내는 설비를 설치해 연기 상태로 구름에 도달하게 하는 방법을 쓰기도 한다. 하지만 어느 방법이든 대량의 물질을 자연환경에 뿌리기 때문에 드라이아이스를 제외하고는 어떤 식으로는 환경에 영향을 미칠 수밖에 없다. 특히 요오드화은에는 약한 독성이 있어서 대량으로 섭취하면 우리 건강에 해로울 수도 있다.

3-10 방사성 물질의 제거

절대 일어나서는 안 될 일이지만 원자력 발전소에서는 가끔 큰 사고가 발생하기도 한다. 1979년 미국 스리마일섬이나 1986년 구소련의 체르노빌에서 일어난 원전 사고를 모르는 사람은 없을 것이다. 일본에서도 2011년 3월에 발생한 대규모 지진으로 후쿠시마 제1원자력 발전소에서 큰 사고가 있었다.

● 방사성 물질

원자력 발전소의 원자로에서 사고가 발생하면 왜 항상 사회적으로 큰 문제가 될까? 사고와 함께 다양한 방사성 물질이 대량으로 방출되기 때문이다. 반감기가 8일인 방사성 동위원소 요오드-131(^{131}I)은 비교적 금세 사라지지만, 반감기가 30년인 세슘-137(^{137}Cs)이나 29년인 스트론튬-90(^{90}Sr)은 오랫동안 환경에 남아서 우리에게 해로운 베타선(β선)을 계속 방출한다.

따라서 한시라도 빨리 제거해야 한다. 방사성 물질을 제거하는 방법으로는 흡착과 이온 교환이 있다.

● 흡착 방법

방사성 원소는 이름에도 나와 있듯이 원소다. 원소는 원칙적으로 다른 원소로 바꿀 수 없다. 그래서 방사성 원소는 그 어떤 화학 반응을 일으켜도 방사성이라는 성질이 변하지 않는다. 또한 방사성 원소를 포함한 분자는 그 어떤 분자로 변화시켜도 방사성 원소를 계속 가지고 있다. 새로운 분자 안에서도 변함없이 위험한 방사선을 계속해서 방출한다. 따라서 방사성 원소는 물리적으로 제거해서 해를 끼치지 않는 장소에 격리 보관해야 한다. 이때 사용하는 방법이 흡착이다.

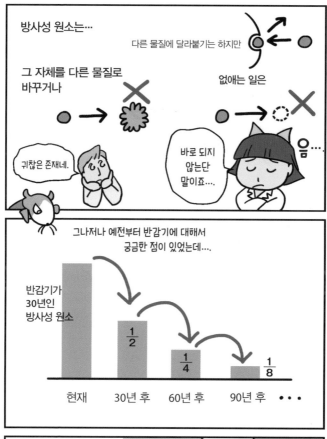

그림 방사성 물질의 흡착

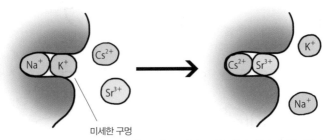

▲ 원래 제올라이트에 흡착되어 있던 Na$^+$이나 K$^+$이 방사성 물질인 Cs^{2+}나 Sr^{3+}과 자리를 바꾼다.

제올라이트

흡착 방법에는 제올라이트(zeolite)라는 물질이 주로 사용된다. 흡착이라는 말을 들으면 가장 먼저 제올라이트부터 떠오를 정도다. 제올라이트는 불석(沸石)이라고도 부르는 다공질의 광물이다.

제올라이트에 나 있는 미세한 구멍 안에는 나트륨 이온(Na$^+$)이나 칼륨이온(K$^+$)과 같은 양이온이 들어 있다. 그래서 세슘이나 스트론튬의 양이온(Cs^{2+}, Sr^{3+})이 섞인 폐액에 제올라이트를 넣으면 제올라이트의 양이온과 폐액 속에 있는 양이온이 자리를 바꾼다. 그 후에 제올라이트를 제거하면 방사성 물질을 제거할 수 있다.

프러시안 블루

프러시안 블루(Prussian blue)는 세슘이나 스트론튬의 흡착제로 매우 뛰어난 성능을 보인다. 청색 무기 안료로 과거에는 청색 잉크에 많이 사용했던 프러시안 블루의 주성분은 철(Fe)이다. 화학식은 Fe(Ⅲ)$_x$My[Fe(Ⅱ)(CN)$_6$]$_z$로 표기한다. 여기서 Fe(Ⅲ)와 Fe(Ⅱ)가 각각 철의 양이온 Fe^{3+}, Fe^{2+}를 나타낸다.

중요한 부분은 M이다. M은 철 이외에 다른 금속 이온을 의미한다. 제올라이트와 마찬가지로 이 M이 세슘 이온이나 스트론튬 이온으로 치환된다. 프러시안 블루를 다공질의 입자 상태로 만들거나 다공질 물체에 코팅해서 오염수에 집어넣으면 방사성 물질을 제거할 수 있다.

● 이온 교환 방법

이온 교환 수지는 물속의 이온을 다른 이온으로 바꿀 수 있다. 이미 3-4에서 설명했듯이 이온 교환 수지에는 물속에 있는 양이온을 다른 양이온으로 바꾸는 양이온 교환 수지와 음이온을 바꾸는 음이온 교환 수지가 있다.

이 중 양이온 교환 수지가 방사성 물질 제거에 사용된다. 방사성 물질 대부분이 물속에서 양이온(M^+) 상태로 존재하다 보니 양이온 교환 수지를 넣어 주면 수소 이온(H^+)으로 치환된다.

자료 이온 교환 수지를 이용한 방사성 물질 제거

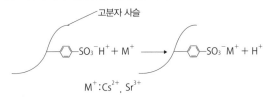

DHMO의 공포

청산가리, 복어 독, PCB, 다이옥신 등 화학 물질에는 우리에게 해로운 물질이 많다. 그중에서 가장 해로운 물질이 무엇이냐고 물으면 단연 DHMO를 꼽을 수 있다.

DHMO는 투명하고 맛과 향이 없어서 전혀 해로운 물질로 보이지 않지만 방심하면 안 되는 무서운 물질이다. 매년 수만 명의 목숨을 앗아 가지만 피해자 대부분은 그저 액체 상태의 DHMO를 마셨을 뿐이고, 기체 상태의 DHMO를 흡입했다가 목숨을 잃기도 한다. 또한 고체 상태의 DHMO를 만지면 심각한 피부질환에 걸릴 수도 있다.

말기암 조직에 DHMO가 침입한다는 사실은 병리학자라면 누구나 아는 이야기이고, 그뿐만 아니라 산성비에도 많이 들어 있는 이른바 산성비의 원인 물질이기도 하다.

하지만 이렇게 위험한 물질인데도 산업계에서는 그 중요성이 날로 높아지고, 사용량도 계속 늘어나고 있다. 방위산업에서도 중요한 물질 중 하나다. 위험한 DHMO를 이대로 계속 사용하도록 내버려 두어도 정말 괜찮은 걸까?

실로 무시무시한 물질인 DHMO의 정체를 밝히자면 우선 정확한 명칭은 디하이드로겐 모노옥사이드(Dihydrogen Monoxide)다. 학명은 일산화이수소, 분자식은 H_2O, 다시 말해 물이다.

제4장

인류에게 필요한 화학 반응

70억 명이 넘는 인구가 비좁은 지구상에서 부대끼며 살고 있지만, 우리는 식량을 확보하고 옷과 의약품도 사용하면서 평범한 일상생활을 영위한다. 사실 이렇게 세상이 무탈하게 굴러갈 수 있는 배경에는 화학의 힘이 있다. 자연 농법만으로 70억 명의 인구가 먹을 식량을 마련하기는 불가능하다. 의약품도 천연 식물이나 광물만으로는 그 효과가 한정적이다. 화학이야말로 인류에게 행복을 전해 주는 학문이다.

4-1 암모니아 합성

지구라는 작은 우주선에서 70억 명이라는 방대한 수의 생명체가 살 수 있는 이유는 화학의 힘이 있기 때문이다. 화학은 공해 문제를 낳아 수많은 생명체를 생존 위기로 내몰기도 했지만 사실 이 잘못을 만회하고도 남을 만큼의 엄청난 업적도 남겼다.

● 식물의 3대 영양소

가장 큰 업적은 암모니아(NH_3)의 합성이다. 냄새가 지독한 암모니아수의 원료인 암모니아는 원래 기체다.

지독한 냄새를 풍기는 암모니아는 인류의 삶에 어떤 공헌을 했을까? 암모니아는 화학비료의 원료다. 식물이 자라려면 질소(N), 인(P), 칼륨(K)이라는 3대 영양소가 필요하고, 그중 가장 기본이 질소다. 질소는 식물의 잎과 줄기, 즉 식물의 몸체를 구성하는 중요한 영양소이기 때문에 채소든, 곡물이든, 과일이든 식물이 잘 자라려면 반드시 질소비료가 필요하다.

● 질소비료

식물은 뿌리혹박테리아의 활동을 통해 공기 중에 있는 질소를 빨아들여 스스로 질소비료를 합성한다. 이 사실을 알아낸 인류는 화학비료를 생각해냈고, 질산칼륨(KNO_3)과 질산암모늄(NH_4NO_3)을 합성해서 식물에 주었다. 화학비료 덕분에 식물 생장에 적합하지 않은 땅에서도 곡물을 재배할 수 있게 되었고 몇 년씩 채소를 연작하는 일도 가능해졌다. 그 결과 인류는 70억이라는 인구가 먹을 식량을 확보할 수 있었다. 화학비료는 실로 인류 생존을 좌우하는 화학 물질인 셈이다.

이 질소계 화학비료의 기본 원료가 바로 암모니아다. 암모니아를 산화시

그림 지구의 인구

악!

70억 명

화학비료

끙!

▲ 지구에서 70억 인구가 먹고살 수 있는
것은 화학비료 덕분이다.

켜 질산(HNO₃)을 생성하고, 다시 질산을 암모니아와 반응시켜 질산암모
늄을 합성하거나 칼륨과 반응시켜 질산칼륨을 합성한다.

● 하버-보슈법

암모니아는 주로 하버-보슈법으로 합성한다. 하버-보슈법은 1906년에
독일의 화학자 프리츠 하버(Fritz Haber)와 카를 보슈(Carl Bosch)가 개발한
방법이다. 질소와 수소를 직접 반응시켜서 한 번에 암모니아를 생성하는 강
력한 합성법이다. 다만 그만큼 반응 조건이 가혹해서 200~400℃의 온도와
200~1,000기압의 압력이 필요하다. 또한 철과 같은 촉매도 함께 써야 한다.

$$N_2 + 3H_2 \rightarrow 2NH_3$$
질소   수소   암모니아

하지만 하버-보슈법 덕분에 인류는 매년 1억 6,000만 톤이라는 엄청난
양의 암모니아를 합성할 수 있게 됐다. 지구상에 존재하는 모든 식물이 1년
동안 합성하는 암모니아의 양이 1억 8,000만 톤이라고 하니 하버-보슈법이
얼마나 대단한지 새삼 실감하게 된다.

다만 하버-보슈법의 합성 조건을 맞추려면 엄청난 양의 에너지가 필요

그림 암모니아를 합성하는 하버-보슈법

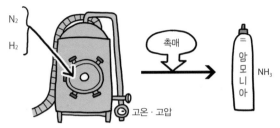

N₂
H₂
촉매
고온·고압
암모니아 NH₃

▲ 공기 중에 있는 질소와 물을 전기분해해서 얻은 수소로 암모니아를 만든다.

하다. 또한 원료인 질소는 공기 중에 많지만, 수소는 자연 상태에 존재하지 않아서 기본적으로는 물을 전기분해해서 따로 생성해야 한다.

$$2H_2O \rightarrow 2H_2 + O_2$$
물   수소   산소

하버-보슈법으로 암모니아를 생성하기 위해 소비하는 전기 에너지는 100만 kW급 원자로 150기가 생산하는 양이라고 한다. 다시 말해 지구의 70억 인구를 먹여 살리려면 그만큼의 에너지가 필요하다는 말이다. 이런 관점에서 보면 결국 에너지가 있기에 인류가 생존할 수 있는 셈이다.

부족한 감이 있기는 해도 지구상의 70억 인구가 그럭저럭 먹고살 수 있도록 만들어 준 두 화학자에게 감사할 따름이다.

● 하버-보슈법의 이면

하지만 하버-보슈법으로 합성한 암모니아가 인류에게 행복만 전해 준 것은 아니다. 사실 엄청난 불행도 함께 몰고 왔다.

암모니아는 폭약의 원료이기도 하다. 질소 화학비료의 원료인 질산칼륨은 과거 초석(硝石)이라고도 불렸고 화약의 주원료다. 지금도 불꽃놀이에 이용하는 흑색화약의 원료로 쓰인다. 질산칼륨뿐만 아니라 질산암모늄도

그림 암모니아의 빛과 그늘

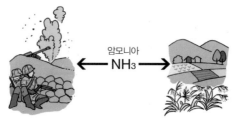

암모니아
NH₃

▲ 암모니아는 화학비료인 동시에 폭약의 원료이기도 하다.

폭발성이 있어 예전에 몇 번이나 끔찍한 폭발 사고를 일으킨 적이 있다.

또한 암모니아를 산화시켜 생성하는 질산은 폭탄의 원료인 트리니트로 톨루엔(TNT)이나 다이너마이트의 원료인 니트로글리세린의 기본 원료이기도 하다. 제1차 세계대전 때 독일군이 사용한 폭약 대부분이 하버-보슈 법으로 얻은 암모니아를 합성한 질산으로 만든 것이었다.

현대에 들어서 전쟁의 규모가 커지고 장기전이 되는 이유가 암모니아가 충분하고, 그만큼 암모니아로 만든 질산이 풍족하기 때문이라는 주장도 있다. 식량을 늘리기 위해 개발한 과학 기술로 전쟁을 하는 인류를 보고 하버와 보슈 박사는 무슨 생각을 할까?

● 하버와 보슈의 생애

암모니아 합성법을 개발한 두 화학자의 생애는 어땠을까? 안타깝게도 두 사람은 혼돈의 역사 속에서 그다지 평탄하지 못한 삶을 보냈다.

두 박사 모두 처음에는 순풍에 돛 단 듯 승승가도를 달렸다. 하버 박사는 1918년에 노벨상을 받았다. 하지만 그 후에 제1차 세계대전에서 독일군이 사용한 독가스인 염소가스(Cl_2)를 개발한 책임을 져야 한다는 비난을 받았고, 당시의 나치 정권도 유대인이었던 하버 박사를 외면했다. 더는 독일에 머물 수 없었던 하버 박사는 결국 1934년에 여행지였던 스위스 바젤의 한 호텔에서 생을 마감했다.

보슈 박사도 한때는 독일의 대형 화학기업 이게파르벤(IG Farben)의 회장을 역임하고 1931년에는 노벨상도 받았다. 하지만 그도 유대인이었던 탓에 유대인을 배척하던 히틀러와 뜻이 맞지 않아 결국 회사에서 쫓겨났고, 실의에 빠져 말년을 술로 보냈다고 한다.

그림 하버와 보슈

▲ 하버와 보슈는 인류를 위한 눈부신 업적을 남겼지만, 말년은 행복하지 못했다.

화학비료의 합성

4-1에서 설명했듯이 식물이 성장하려면 3대 영양소인 질소(N), 인(P), 칼륨(K)이 필요하다. 지구의 인구가 늘어나면서 경작할 수 있는 토지란 토지는 전부 개간했고, 이제 과거에는 경작할 수 없었던 토지에서도 작물을 재배한다. 이런 척박한 토지에서 작물을 재배하려면 땅이 원래 가지고 있던 3대 영양소만으로는 부족하다. 그래서 화학비료가 필요하다.

● 질소비료

질소비료의 원료는 4-1에서 설명했듯이 하버-보슈법으로 만든 암모니아(NH_3)다. 기본적으로 암모니아를 산화시켜 질산(HNO_3)을 만든 다음, 질산과 암모니아를 반응시켜 질산암모늄(NH_4NO_3)을 만들거나, 수산화칼륨(KOH)과 반응시켜 질산칼륨(KNO_3)을 만든다.

그림 식물과 원소

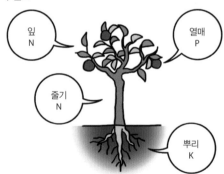

▲ 식물이 튼튼하게 자라려면 질소와 인, 칼륨이 필요하다.

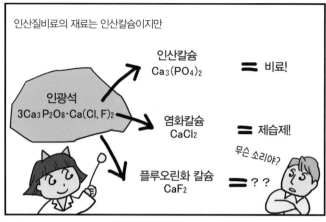

인산질비료의 재료는 인산칼슘이지만

인광석
$3Ca_3 P_2O_8 \cdot Ca(Cl, F)_2$

인산칼슘
$Ca_3(PO_4)_2$

= 비료!

염화칼슘
$CaCl_2$

= 제습제!

무슨 소리야?

플루오린화 칼슘
CaF_2

= ??

플루오린화 칼슘은 형석을 말하는데요.

안에 섞인 불순물에 따라서 색이 달라져요.

이건 결정

아~ 예쁘다....

그래서 과거에는 장신구로 가공되기도 했지만

지금은 망원경이나 카메라 렌즈 제작에 활용해요.

렌즈용 유리와 형석 유리를 조합하면 색이 번지지 않는 고성능의 렌즈를 만들 수 있거든요.

$$HNO_3 + NH_3 \rightarrow NH_4NO_3$$
질산   암모니아   질산암모늄

$$HNO_3 + KOH \rightarrow KNO_3 + H_2O$$
질산   수산화칼륨   질산칼륨   물

● 칼륨비료

칼륨이 포함된 **칼륨비료**에는 앞에서 언급한 질산칼륨이 있다. 즉, 질산칼륨은 질소비료인 동시에 칼륨비료이기도 한 매우 유용한 물질이다. 또한 질산칼륨만큼 많이 사용되는 비료가 염화칼륨(KCl)이다. 다만 염화칼륨은 천연광물로도 채굴한다. 염화칼륨의 매장량이 많은 러시아, 캐나다, 스페인, 폴란드에서 수입해 정제만 하기 때문에 화학비료라고 하기에 조금 애매한 부분이 있기는 하다.

● 인산질비료

인산질비료라고 하면 나이가 지긋하신 분들은 칠레 해안 지역에 쌓여 있는 바닷새의 배설물 화석, 구아노(guano)를 떠올릴지도 모른다. 하지만 화석 연료와 마찬가지로 과거 생물이 기원이 되어서 만들어진 물질은 매장량에 한계가 있다. 구아노 역시 이미 고갈되어 이제는 어디서도 찾아보기 힘들다.

그래서 요즘은 중국에서 수입한 인광석을 화학 처리해서 과인산 석회를 만든다. 다만 과인산 석회는 화학적으로 볼 때 단일 물질이 아니라 제1인산칼슘[$Ca(H_2PO_4)_2 \cdot H_2O$]과 황산칼슘(석고, $CaSO_4$)의 혼합물이다.

뼈에 포함된 인산칼슘[$Ca_3(PO_4)_2$]과 황산(H_2SO_4)을 반응시키면 과인산 석회가 생성된다.

$$Ca_3(PO_4)_2 + 2H_2SO_4 + 2H_2O \rightarrow Ca(H_2PO_4)_2 \cdot 2H_2O + 2CaSO_4$$
인산칼슘   황산   물   제1인산칼슘   황산칼슘

여기서 인산칼슘을 만들 때 인광석이 필요하다. 인광석은 구성 성분이 복잡하지만 쉽게 나타내면 $3Ca_3P_2O_8 \cdot Ca(Cl, F)_2$로 표기할 수 있고, 여기에서 $Ca_3P_2O_8$ 부분이 인산칼슘[$Ca_3(PO_4)_2$]이다. 문제는 여기에 이어진 $Ca(Cl, F)_2$ 부분인데, 염화칼슘($CaCl_2$)과 플루오린화 칼슘(CaF_2)이 적당한 비율로 섞여 있다는 것을 의미한다.

● 불순물의 용도

염화칼슘은 제습제로서 중요한 작용을 하지만 플루오린화 칼슘은 불필요한 불순물일 뿐이라 제거해야 한다. 그런데 제거된 불순물이 단순히 번거롭고 귀찮은 일을 만드는 폐기물일 뿐일까? 그렇지 않다. 원소는 어떤 모습으로든 바뀔 수 있다.

플루오린화 칼슘에서 얻은 플루오린(불소)은 프레온 가스의 원료다. 비록 프레온 가스가 오존홀 문제의 주범이라는 사실이 밝혀진 후로 수요가 대폭 감소했지만 한때는 찾는 사람이 많았다.

또한 불소에는 충치를 예방하는 효과가 있어서 수돗물에 불소를 넣자는 제안도 나왔었다. 아쉽게도 원하지 않는 사람에게까지 불소를 강요하는 일이라는 지적이 나와 실현되지는 못했지만, 불소는 여전히 어디엔가 유용하게 쓰이기를 기다리고 있다.

4-3 고분자 합성

고분자에는 폴리에틸렌이나 페트와 같이 열을 가하면 유연성이 생기는 열가소성 고분자와 그릇과 같이 열을 가해도 유연성이 생기지 않는 열경화성 고분자가 있다. 이 둘은 구조도 제조법도 전혀 다르다.

● 열가소성 고분자

모든 합성섬유와 우리가 일반적으로 플라스틱이라고 부르는 합성수지는 대부분 열가소성 고분자다. 열가소성 고분자는 긴 끈 형태의 분자 구조가 특징이며, 일반적인 플라스틱은 여러 가닥의 긴 고분자가 모여 마구 엉켜 있다. 이런 상태를 비정질(非晶質)이라고 한다.

플라스틱을 가열하면 분자 사슬이 운동 에너지를 얻어 운동을 시작하고, 그 결과 유동성이 생겨 부드러워진다. 이런 성질 때문에 열가소성 고분자라고 부른다. 부드러워진 상태의 열가소성 고분자를 틀에 넣어 식히면 틀의 모양을 그대로 재현한 물체가 된다. 이처럼 성형하기 쉽다는 점이 열가소성 고분자의 대표적인 특징이다.

● 열가소성 고분자의 합성법

152쪽 **자료**를 통해 전형적인 열가소성 고분자인 폴리에틸렌의 합성반응을 살펴보자. 폴리에틸렌의 폴리는 그리스어로 '많다'라는 뜻이고, 에틸렌은 구조식이 $H_2C=CH_2$인 유기 분자다. 다시 말해 폴리에틸렌은 수천 개에서 1만 개 정도의 수많은 에틸렌 분자가 결합한 분자다.

우리가 잘 아는 페트(PET)는 폴리에틸렌 테레프탈레이트(polyethylene terephthalate)의 앞 글자를 따서 붙여진 이름이다. 페트는 에틸렌글리콜과 테레프탈산이라는 두 개의 단위분자가 결합한 물질이며, 에틸렌글리콜은 알코

열가소성 고분자의 합성반응

▲ 단위분자가 대량으로 결합하면 고분자가 된다.

올의 일종이고 테레프탈산은 산의 일종이다. 알코올과 산이 물을 방출하며 결합한 물질을 일반적으로 에스테르(ester)라고 한다. 그래서 우리는 페트로 만든 합성섬유를 '폴리에스테르'라고 부른다.

● 열경화성 고분자

열경화성 고분자는 긴 사슬 구조를 가진 열가소성 고분자와는 달리 그물 망 모양의 분자 구조를 이루고 있다. 제품(예를 들면 그릇) 전체가 그물망 구조로 짜여 있어서 마치 하나의 제품이 하나의 분자와 같은 상태다. 이처 럼 분자가 촘촘한 그물망 구조를 이루고 있다 보니 열을 가해도 움직일 틈 이 없고, 그래서 유연성이 생기지 않는다.

열경화성 고분자의 구조식과 합성반응은 상당히 복잡하다. 그래서 이 책 에서는 그물망의 교차 부분만을 보기로 하자. 다음 **자료**는 페놀과 포름알데 히드로 만들어진 페놀 수지의 구조 중 일부분이다.

페놀 수지의 원료는 새집증후군의 원인 물질로도 잘 알려진 포름알데히 드다. 완성된 페놀 수지를 보면 어디에도 포름알데히드 분자는 보이지 않지 만, 문제는 화학 반응이 100% 완벽하게 일어나는 일은 거의 없다는 점이다. 매우 소량이지만 반응하지 않은 원료가 제품 속에 남아 있을 수 있다. 이 원 료가 천천히 스며 나와 새집증후군을 일으키는 것이다.

자료 열경화성 고분자의 구조

열경화성 고분자

▲ 열가소성 고분자는 긴 직선 형태의 구조를 띠지만 열경화성 고분자는 3차원 그물망 구조를 띤다.

● 열경화성 고분자의 성형

열을 가해도 유연성이 생기지 않는 열경화성 고분자를 성형하려면 어떻게 해야 할까?

열경화성 고분자의 성형 방법은 빵을 굽는 것과 비슷하다. 우선 열경화성 고분자 원료를 중간까지만 반응시킨다. 그러면 완전한 열경화성 고분자가 아니라 빵 반죽과 같은 부드러운 상태가 된다. 이 상태의 고분자를 틀에 넣어서 가열하면 틀 안에서 고분자화가 진행돼 틀을 열었을 때는 완전한 제품이 되어 나온다.

아스피린의 합성

통증으로 괴로울 때 먹는 진통제나 고열로 신음할 때 먹는 해열제를 비롯해 약은 우리가 일상에서 직접적으로 고마움을 느끼는 화학 물질이다. 약이야말로 신이 내린 선물이다. 인류는 역사 속에서 끊임없이 질병과 싸워 왔다. 약이라는 무기를 손에 들고 병마에 맞서 싸우며 찬란한 역사를 이루어 온 것이다.

● 양류관음

불교에는 많은 부처와 보살이 있다. 그리고 불교 신들의 사회에도 엄연히 계급이 존재한다. 가장 높은 계급은 여래(如来)이고 그다음은 석가(釈迦)와 대일여래(大日如来) 순이다. 그 아래가 관음보살이나 지장보살과 같은 이름으로 널리 알려진 보살(菩薩)이다. 부동명왕과 같은 명왕(明王) 계급이 그 아래이고, 여기까지가 이른바 불교계의 엘리트 집단이다. 그다음 계급은 천(天)인데, 여기에 해당하는 대흑천이나 비사문천은 일종의 외래 집단이라 할 수 있다.

각 신은 저마다의 역할이 있고 그중에는 약제를 관장하는 신도 있다. 약제의 신인 약사여래(薬師如来)는 가장 높은 계급인 여래에 속한다. 불교에서도 약이 얼마나 대단한 존재였는지 엿보이는 부분이다.

아름다운 모습의 관음보살들은 보통 다양한 복장과 장식을 갖춘 모습으로 그려진다. 예를 들어 양류관음(楊柳観音)은 하얀 옷으로 몸을 감싸고 작은 버드나무 가지를 들고 있다. 그런데 왜 버드나무 가지일까? 벚꽃이나 장미가 더 예쁘지 않을까?

● 버드나무의 의학적 효과

실제로 버드나무 가지에는 의학적 효과가 있다. 고대 그리스의 의학자이자 철학자였던 히포크라테스도 이 사실을 언급한 적 있다. 또한 과거 일본에서도 충치로 통증이 생기면 버드나무 가지를 물었다고 한다.

1800년대 초에 프랑스의 한 화학자가 버드나무 가지에서 분리한 약리 성분에 **살리신**(salicin)이라는 이름을 붙였다. 프랑스어로 버드나무를 의미하는 살리신에는 포도당이 결합되어 있고, 이 포도당을 제거하면 **살리실산**(salicylic acid)이라는 간단한 구조의 화합물을 얻을 수 있다.

실제 환자에게 투여해 본 결과 증상에 차도를 보였다. 하지만 그 대신 엄청난 일이 벌어지고 말았다. 살리실산의 산이 위벽에 구멍을 낸 것이다(위천공). 되로 주고 말로 받은 셈이다.

자료 살리실산과 약

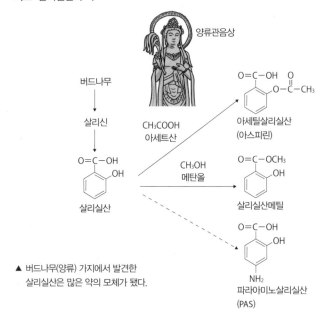

▲ 버드나무(양류) 가지에서 발견한 살리실산은 많은 약의 모체가 됐다.

🔵 아스피린의 탄생

연구원들은 즉시 위에 구멍을 내는 살리실산의 부작용을 없애기 위한 연구를 시작했다. 그 과정에서 발견한 물질이 **아세틸살리실산**이다. 아세틸살리실산은 살리실산과 아세트산 무수물(無水物)을 반응시켜 얻어 낸 화합물(ester)이다.

독일의 제약회사 바이엘(Bayer)이 1899년에 이 화합물에 **아스피린**이라는 상품명을 붙여 팔기 시작했고, 해열 진통 효과가 있다는 사실이 알려지면서 폭발적인 인기를 끌었다. 그 후로 100년이 훨씬 지난 지금까지도 인기는 여전하며, 특히 미국은 아스피린을 신처럼 믿는 사람이 있을 만큼 의존도가 대단히 높은 편이다. 놀랍게도 미국에서 1년간 소비하는 아스피린의 양은 1만 6,000톤이며, 알약으로 환산하면 200억 개라고 한다.

살리실산에서 파생된 아스피린은 살리실산이 낳은 자식 같은 존재다. 그리고 사실 살리실산에게는 그 외에도 훌륭한 자식이 둘이나 더 있다. 둘째인 **살리실산메틸**은 메탄올과 살리실산의 반응으로 탄생했으며, 근육 소염제로 널리 쓰인다.

그리고 셋째가 '파스(PAS)'다. PAS는 **파라아미노살리실산**(para-aminosalicylic acid)의 앞 글자를 따서 만든 명칭이며 결핵 치료제로 쓰인다. 일본에서는 1950년부터 PAS가 사용되었고 그 뒤로 다양한 결핵 치료제가 개발되었지만 지금도 여전히 PAS를 함께 쓰고 있다. PAS는 살리실산으로 합성한 물질은 아니지만 분자 구조적으로는 살리실산의 유도체에 속한다.

티눈 제거제의 주성분인 살리실산은 그 자체로도 중요한 의약품이며, 식품 방부제로도 많이 쓰인다. 살리실산은 어쩌면 양류관음의 화신이 아닐까?

4-5 니트로글리세린의 합성

폭약이라고 하면 폭탄과 소총이 떠오른다. 그리고 그보다 먼저 전쟁을 떠올리는 사고 과정은 어찌 보면 당연하다. 하지만 폭약이 꼭 전쟁에서만 쓰이는 것은 아니다. 예컨대 폭약이 없었다면 수에즈 운하와 파나마 운하는 탄생하지 못했을 것이다. 또한 자동차 사고가 일어났을 때 우리를 지켜 주는 에어백도 폭약으로 부풀린다. 압축공기나 유압으로는 순간적인 사고에 대처할 수 없기 때문이다.

자료 니트로글리세린의 합성

▲ 다이너마이트의 원료인 니트로글리세린은 협심증의 특효약이기도 하다.

● 니트로글리세린

니트로글리세린은 글리세린에 질산(HNO_3)과 황산(H_2SO_4)을 첨가해서 만든다. 여기서 글리세린은 기름을 가수분해해서 생성한다. 다시 말해 우리가 먹는 기름은 글리세린이라는 OH 원자단 세 개를 가진 알코올과 지방산이라는 산으로 만들어진 화합물이다.

지방산에는 다양한 종류가 있다. 등 푸른 생선에 들어 있는 IPA와 DHA도 지방산의 일종이며, 생선 기름과 소기름, 유채씨유, 해바라기씨유와 같은 다양한 기름의 차이는 지방산의 차이에서 비롯된다. 하지만 글리세린은 화합물 고유의 이름이기 때문에 단 한 종류밖에 없다. 쉽게 말해 생선을 먹든, 고기를 먹든, 배 속에 들어가서 가수분해되면 결국 글리세린이 된다.

● 다이너마이트

니트로글리세린은 무색에 점성이 있는 액체다. 비중이 1.6으로 꽤 무거운 액체에 해당한다. 문제는 매우 불안정한 물질이라 조금만 흔들려도 폭발한다는 점이다.

그래서 니트로글리세린을 전쟁에 쓰고 싶어도 운반 중에 아군 진영에서 폭발할 위험이 컸기 때문에 쓸 방법이 없었다. 이런 니트로글리세린을 안전하게 쓸 수 있는 폭약으로 만든 사람이 노벨상으로 유명한 알프레드 노벨 (Alfred Bernhard Nobel)이다.

노벨은 니트로글리세린을 고대 해조류의 화석인 규조토에 흡수시키면 밟거나 두드려도 폭발하지 않는다는 사실을 알아냈다. 이것이 다이너마이트다. 평소에는 안전하지만, 기폭장치인 신관(fuze)을 사용하면 니트로글리세린의 폭발력을 그대로 이용할 수 있었다.

이렇게 개발된 다이너마이트는 전쟁에서도 사용됐지만 동시에 수많은 토목 공사나 광산 개발 현장에서도 큰 활약을 보였다. 우리가 늘 보고, 항상 이용하는 대규모 시설의 공사는 다이너마이트 없이는 불가능하다.

그림 다이너마이트

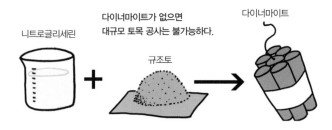

다이너마이트 덕분에 거대한 부를 축적한 노벨은 그 돈으로 노벨상을 만들었고, 노벨이 사망하고 난 뒤 1901년에 첫 노벨상 수상식이 열렸다.

● 협심증

니트로글리세린의 업적은 다이너마이트뿐만이 아니다. 니트로글리세린은 협심증의 특효약이기도 하다. 그리고 재미있게도 이 효과를 발견한 곳이 바로 다이너마이트 제조 공장이다. 다이너마이트 제조 공장에서 일하던 한 직원이 협심증을 앓고 있었는데, 발작이 늘 집에서만 일어났다. 특별히 공처가도 아니었는데 왜 공장에서는 단 한 번도 발작을 일으키지 않았을까?

이런 의문에서 조사가 시작되었고 니트로글리세린이 가진 협심증 예방 효과가 밝혀졌다. 그 후에 자세한 연구가 진행되어 니트로글리세린이 체내에 들어가면 일산화질소(NO)로 변한다는 사실을 알아냈다. 일산화질소의 영향으로 혈관이 확장한 덕분이었다.

이 사실을 발견한 세 명의 연구원, 페리드 머래드(Ferid Murad)와 로버트 퍼치곳(Robert Furchgott), 루이스 이그내로(Louis Ignarro)는 1998년 노벨 생리의학상을 받았다. 니트로글리세린으로 인해 탄생한 노벨상이 니트로글리세린을 이용한 연구에 상을 준 것이다. 이 놀라운 인연에 당시 사람들은 감탄을 금치 못했다.

4-6 인공 단백질 합성

지구상에는 70억 명이나 되는 많은 사람이 살고 있으며 인구는 계속 증가 중이다. 동물은 먹지 않으면 살 수 없고, 이는 인간도 마찬가지다. 따라서 앞으로 80억 명, 어쩌면 100억 명이 될지도 모르는 지구의 인구가 계속 먹고살 수 있으려면 식량 확보가 무엇보다 중요하다.

우선 곡물과 채소의 생산을 늘리기 위해 토지와 물, 비료가 필요하다. 안타깝게도 경작이 가능한 토지는 사막화로 인해 점점 감소하고 있지만, 다행히 이런 부정적인 요인을 보완해서 생산량 증대를 도와주는 존재가 있다. 바로 화학비료다.

그렇다면 수산물은 어떨까? 참치나 장어도 이미 멸종 위기에 내몰린 상황이다. 이 분야는 세계 각국에서 양식을 통해 위기를 극복하려는 노력이 활발히 진행 중이다.

● 셀룰로스에서 유래한 포도당

식량 위기 극복을 위해 화학을 화학비료 외에 다른 쪽으로 활용할 수는 없을까? 물론 방법이 있다.

전분이 부족하다면 셀룰로스로 눈을 돌려 보자. 셀룰로스도 전분과 마찬가지로 글루코스, 즉 포도당으로 구성된다. 하지만 인간은 셀룰로스를 분해하는 효소를 가지고 있지 않아서 그대로 섭취할 수는 없다.

그렇다고 해서 포기하기는 이르다. 셀룰로스를 화학적으로 가수분해하면 손쉽게 포도당으로 바꿀 수 있다. 셀룰로스에서 포도당을 합성할 수 있다면 풀이든, 나무든, 가리지 않고 모든 식물이 우리의 식량이 된다.

전분과 셀룰로스

▲ 셀룰로스도 가수분해하면 전분과 마찬가지로 글루코스가 된다.

● 석유 단백질

단백질도 합성할 수 있다. 단백질은 스무 가지의 아미노산이 특정 순서로 결합된 물질이다. 그리고 아미노산을 합성하는 일은 그렇게 어렵지 않다. 또한 합성한 아미노산을 결합해서 단백질과 비슷한 폴리펩티드로 만드는 일 또한 복잡하지 않다.

하지만 그보다 더 쉬운 방법이 있다. 미생물을 이용하면 된다. 예를 들어 술을 만드는 효모는 자기 중량의 90%가 단백질이다. 효모에서 단백질을 추출할 수 있다면 매우 효율적으로 단백질을 합성할 수 있다는 말이다.

다만 미생물이라고는 해도 효모 역시 성장하려면 먹이가 필요하다. 예를 들면 가장 단순한 구조의 탄화수소이자 석유의 구성 성분인 노멀 파라핀을 먹고 자라는 효모가 있다.

석유 효모에게 석유를 먹이로 주면 바로 단백질을 만들어 준다. 사실 이 아이디어는 벌써 오래전에 나온 이야기다. 석유 단백질은 1960년대에 실용화 직전까지 갔었다. 당시 잉어의 사료로 사용하거나 햄버거 패티에 넣자는 식의 다양한 의견이 나왔었다.

하지만 문제는 '석유 단백질'이라는 이름이었다. 과학적 근거는 무시한 채 '국민에게 석유를 먹일 생각이냐!'는 비판이 쏟아졌고, 설상가상으로 석유에 포함된 소량의 발암 물질이 남아 있을 수 있다는 의혹까지 제기돼 계획은 결국 무산되고 말았다.

이런 사정으로 일본에서는 석유 단백질이 실용화되지 못했지만, 일부 나라에서는 실용화에 성공해 가축의 사료로 이용하기도 했다. 하지만 석유 파동이 터지자 석유를 식량으로 돌려쓸 여유가 없어졌다. 오히려 식량인 옥수수를 알코올로 바꿔서 자동차 연료로 쓰는 상황이 벌어졌다. 결국 옥수수 가격까지 올라 사람이 먹을 옥수수는 더 귀해졌으니 석유 단백질은 결국 실패라 할 수 있다.

식량 생산이야말로 '인류에게 가장 유용한 화학 반응'이라는 사실을 잊지 말자.

자료 인공 단백질

아미노산 2분자   디펩티드

폴리펩티드(단백질)

$H-(CH_2)_n-H$
노멀 파라핀

▲ 특정 미생물은 석유(노멀 파라핀)를 먹고 일종의 발효 작용을 통해 단백질을 생성한다.

4-7 인공 감미료 합성

'단것'이라고 하면 우리는 무조건 설탕을 떠올리지만, 사실 단맛이 나는 물질에 설탕만 있는 것은 아니다. 꿀도 달고, 과일도 달다. 고구마에서도 단맛이 나고 엿은 말할 것도 없다. 설탕이 없었던 시대에도 인류는 이처럼 다양한 물질을 이용해서 단맛을 내 왔다. 그리고 지금도 마찬가지다. 현대인들은 인공 감미료라는 새로운 단맛을 만들어 냈다.

● 인공 감미료

설탕이나 과일과 같은 천연 재료가 내는 단맛은 글루코스(포도당)나 프럭토스(과당)와 같은 당류의 맛이다. 반면 인공적으로 합성해서 단맛을 내는 물질을 인공 감미료라고 한다.

그중 음식의 열량을 낮출 수 있는 감미료로 전화당이 있다. 전화당은 우리가 설탕으로 알고 있는 수크로스를 가수분해해서 얻은 물질이며 포도당과 과당의 혼합물이다. 과당이 설탕보다 달기 때문에 전화당은 설탕보다 단맛이 강하다. 그만큼 사용량을 줄일 수 있어서 열량을 낮출 수 있다.

다만 과당의 단맛은 온도에 따라 변한다. 저온에서는 단맛이 더 강해지지만 고온에서는 단맛이 약해진다. 그래서 과일은 차게 먹어야 더 맛있다.

● 사카린

인공 감미료라는 말을 들으면 제일 먼저 사카린이 떠오른다. 사카린은 1878년에 미국의 한 대학에서 합성한 물질로, 우연히 단맛이 난다는 사실을 발견했다. 사카린의 단맛은 무려 설탕의 300배 이상에 달한다.

▲ 인공 감미료에는 다양한 종류가 있으며, 모두 설탕보다 단맛이 수백 배는 강하다.

인공 감미료는 의도적으로 개발했다기보다는 대부분 사카린처럼 우연히 발견됐다. 사카린이 폭발적인 인기를 누렸던 시기는 제1차 세계대전 때였다. 먹을 것이 없어서 힘들었던 시기였기에 싼값에 단맛을 낼 수 있는 사카린은 귀한 감미료였다.

그런데 1977년 사카린에 발암 성분이 있다는 논란이 일었고, 결국 사용 금지 조처가 내려졌다. 다행히 1991년에 논란이 해결되면서 지금은 열량을 낮출 수 있는 감미료로 널리 쓰이고 있다.

하지만 합성 감미료 중 하나인 둘신처럼 간 기능 장애나 암을 유발하는 독성이 있어 사용이 금지된 인공 감미료도 있다. 마찬가지로 시클라민산나트륨도 독성을 둘러싸고 의견이 엇갈려 한국이나 일본은 사용을 금지했지만 사용을 허가한 나라도 있다.

● 현대의 인공 감미료

현대는 인공 감미료의 시대다. 청량음료의 성분 표시를 보면 아스파탐(200), 아세설팜 K(200), 수크랄로스(600)와 같은 명칭들이 나열되어 있는데, 이들 대부분이 인공 감미료다. 괄호 안에 있는 숫자는 단맛이 설탕보다 몇 배나 강한지를 표시한다.

아세설팜 K와 아스파탐을 같이 사용하면 단맛이 40% 증가하고 맛은 설탕과 비슷해져서 대부분 두 가지를 같이 쓴다.

아스파탐은 단백질을 만드는 아미노산 두 개가 결합한 물질이다. 아스파탐을 처음 발견했을 당시 아미노산으로 만들어진 물질에서 단맛이 날 거라는 생각을 전혀 하지 못했던 과학자들은 놀라움을 금치 못했다고 한다.

수크로스(설탕)와 이름이 비슷한 수크랄로스는 분자 구조도 설탕과 똑같다. 설탕이 가진 여덟 개의 OH 원자단 중 세 개를 염소(Cl)로 치환한 것이 수크랄로스다. 따라서 수크랄로스는 유기염소 화합물이므로 140℃로 가열하면 분해되어 염소가스(Cl_2)가 발생한다는 주장도 있다.

최근에는 인공 감미료의 종류도 다양해졌고 단맛도 더 강해졌다. 현재 단맛이 가장 강한 화학 물질은 러그던에임(Lugduname)이며, 단맛이 무려 설탕에 30만 배라고 한다. 아직 실용화되지는 않았지만, 1878년에 발견된 인공 감미료의 시초, 사카린의 단맛이 설탕의 300배이니 인공 감미료의 단맛은 150년 동안 1,000배나 강해진 셈이다.

앞으로는 사람들이 단맛의 질을 개선하는 방향으로 눈을 돌릴지도 모르겠다.

빛을 만드는 화학 반응

옛날 사람들은 해가 뜨면 일어나고 해가 지면 잠자리에 들었다. 수면 시간이 너무 길지 않았을까 싶다. 그에 비하면 현대인들의 수면 시간은 너무 짧다. 지금은 해가 져도 활동을 계속한다. 심지어 아예 '야행성'인 사람들도 있다. 어떻게 된 일일까? 우리가 밤에도 활동할 수 있는 건 모두 조명 덕분이다.

● 빛

현대인의 침실은 밤에도 형광등이 환하게 밝혀져 있고, 번화가에는 네온사인이 화려하게 반짝인다. 모닥불을 피워 놓고 캠프파이어를 하며 밤을 밝히기도 한다.

형광등 안에 들어 있는 수은(Hg)은 전기 에너지를 받아서 푸르스름한 흰색 빛을 내고, 네온사인 안에 있는 네온(Ne)은 붉은빛을 낸다.

열이 에너지인 것과 마찬가지로 빛도 에너지다. 빛을 직접 전기 에너지로 바꾸는 장치인 태양전지를 생각하면 빛이 에너지라는 사실을 쉽게 이해할 수 있다.

무색인 태양광을 프리즘에 통과시키면 172쪽 **그림**과 같이 일곱 가지 무지개색, 즉 빨강, 주황, 노랑, 초록, 파랑, 남색, 보라색으로 나뉜다. 이 일곱 가지 빛이 가진 에너지의 크기는 각각 다르며, 순서대로 나열해 보면 빨강<주황<노랑<초록<파랑<남색<보라색 순이다. 가장 적은 에너지를 가진 색이 빨간색이고, 가장 많은 에너지를 가진 색이 보라색이다.

물론 일곱 가지 빛을 모두 합치면 원래의 백색광이 되고 백색광은 일곱 가지 빛의 에너지를 합친 양만큼의 에너지를 가진다.

그림 빛의 분광

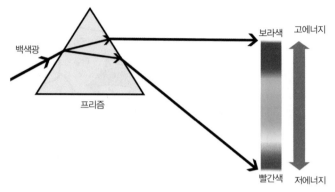

▲ 태양광, 즉 백색광을 프리즘에 통과시키면 일곱 가지 무지개색 빛으로 나뉜다.

🔵 발광의 화학 반응

빛과 열은 모두 에너지다. 둘 다 화학 반응으로 방출된다면 발생 원리 또한 비슷하지 않을까?

추측대로 원리는 크게 다르지 않다. 고에너지 상태(들뜬 상태)의 원자나 분자가 저에너지 상태(바닥 상태)로 이동할 때 두 에너지 사이의 차이인 ΔE가 방출된다. 이때 ΔE가 빛으로 방출되면 발광 현상이 일어나는 것이다.

그렇다면 빛을 내는 수은이나 네온은 평소에도 고에너지를 가진 들뜬 상태일까? 그래서 에너지를 방출하고 저에너지를 가진 바닥 상태가 되는 걸까?

그렇지 않다. 수은이나 네온도 평소에는 저에너지를 가진 바닥 상태로 존재한다. 여기에 전기 에너지 ΔE가 더해져서 고에너지를 가진 들뜬 상태가 된다. 들뜬 상태는 불안정하기 때문에 그 상태로 오래 있을 수 없다. 그래서 ΔE를 빛 에너지로 방출하여 다시 안정적이던 원래의 바닥 상태로 돌아가는 것이다. 이것이 발광의 원리다.

바닥 상태 + ΔE(전기 에너지) → 들뜬 상태
→ 바닥 상태 + ΔE(빛 에너지)

● 발광 색의 차이

형광등 빛은 청백색이고 네온사인의 빛은 붉은색인 이유는 각각의 원자가 흡수하고 방출하는 에너지인 ΔE가 다르기 때문이다. ΔE가 큰 수은은 청백색 빛을 내고, ΔE가 작은 네온은 붉은색 빛을 낸다.

다만 형광등에서 실제로 빛을 내는 물질은 **형광제**다. 사실 수은 자체가 내는 빛은 밤에 공원을 쓸쓸하게 밝히는 푸르스름한 빛이다. 이 빛을 그대로 써서 집안을 공원처럼 쓸쓸한 분위기로 만들 수는 없다. 그래서 형광등은 형광제를 사용해 수은등의 빛을 붉은빛이 나는 저에너지 빛 쪽으로 약간 더 조정해서 사용한다.

그림 발광의 원리

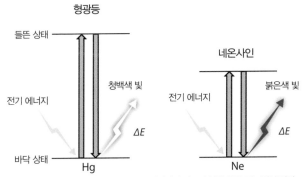

▲ 빛 에너지가 크면 푸른색이 도는 빛이 나고, 에너지가 작으면 붉은색이 도는 빛이 난다.

4-9 염료의 합성

지구상에 사는 다른 생명체에게는 오만불손한 말로 들릴지도 모르지만, 나는 같은 생물이라도 인간은 동물과는 다른 존재라고 생각한다. 다른 생물과 달리 지성과 교양을 갖춘 존재라는 것이 가장 정통적인 이유겠지만 그 이유 말고도 또 있다. 그중 하나가 자기 자신을 꾸미고 싶어 한다는 점이다. 동물과 달리 몸을 뒤덮는 털이 없어서 자신을 추하다고 생각하는 걸까?

● 염색

어쩌면 자신을 아름답게 꾸미고 싶어 하는 마음은 인류가 세상에 처음 출현했을 때부터 가지고 있었는지도 모른다. 원시 시대의 사람들은 정말 보온과 보호를 위해서만 모피를 몸에 둘렀을까? 식물에서 뽑아낸 섬유의 색은 흰색이든, 노란색이든, 갈색이든 상관없었을까?

1만 년 전의 인류도 라스코나 알타미라 동굴 벽에 색을 가진 안료로 그림을 그렸다. 그런 사람들이 우연히 얻은 옷을 몸에 걸치는 것만으로 만족했을 리 없다. 중국에서는 3,000년 전부터 천을 염색했다고 한다. 또한 로마 시대의 클레오파트라도 자기 배의 돛을 진한 자주색으로 물들였다.

염색은 자기 자신을 아름답게 꾸미고 권위를 상징하며, 나아가 국가라는 집단을 유지하는 수단으로 인류의 역사와 함께 성장해 온 문화다.

● 염료

염색을 하려면 우선 **염료**가 필요하다. 당연히 과거에는 천연 재료를 염료로 사용했다. 꼭두서니나 잇꽃 같은 식물 염료나 락 벌레의 분비물을 이용한 락(lac) 염료, 뿔고둥과 같이 곤충이나 동물을 이용한 염료를 사용했다. 하지만 이 염료들을 사용하려면 전문적인 염색 기술과 경험, 지식이 필

요했다. 그러다 보니 염색 천은 서민들은 만져 볼 수도 없는 고가의 물건이었고, 색도 좋게 말하면 '수수'했지만 솔직히 선명하지 못하고 탁했다.

이런 염색 분야에 혜성처럼 등장한 존재가 인위적인 화학 합성으로 만든 **합성 염료**였다. 시작은 1856년에 발표된 자주색의 **모브**(mauve) **염료**다. 그리고 이어서 1858년에 독일의 화학자 요한 페터 그리스(Johann Peter Griess)가 아조(azo) 염료를 발명했다.

● 아조 염료

아조 염료의 합성반응은 간단하다. **방향족 디아조늄염**이라는 물질과 **방향족 화합물** 중 반응성이 큰 물질을 섞어서 필요한 만큼 가열하면 된다.

합성 과정이 단순했던 만큼 이 합성법은 가능성이 있는 모든 분자에 응용되었고, 그 결과 셀 수 없이 많은 종류의 안료와 염료가 탄생했다. 현재도 전체 색소의 60~70%는 아조 색소일 정도다.

아조 염료는 색이 선명하다는 특징이 있다. 이 특징은 물론 장점이지만 천연 염료의 수수하고 차분한 색을 좋아하는 사람은 천박하고 화려한 색이라고 비판하기도 한다.

색에 대한 평가는 개인의 취향에 달린 문제이니 확실히 어느 것이 좋다고 말할 수 없지만, 가격이 저렴하다는 점은 아조 염료의 결정적인 장점이다. 가격 경쟁력은 대량생산이 가능한 합성 염료가 가진 누구도 넘볼 수 없는 장점이다.

그리고 또 하나의 장점은 기술적인 부분으로, 염색이 쉽다는 것이다. 천연 염료는 대부분 스스로 섬유와 결합하는 힘이 약해서 염색할 때는 명반(알루미늄 이온)과 잿물, 진흙(철 이온)과 같은 매염제(媒染劑)가 필요했지

자료 합성 염료

방향족 디아조늄염   아조 염료

▲ 아조 염료는 선명한 색을 가진 동시에 가격이 저렴해서 널리 이용된다.

만, 합성 염료는 스스로 섬유와 잘 결합한다.

이런 장점 덕분에 한때는 섬유 염색뿐만 아니라 도료나 인쇄 잉크, 식용 색소로도 널리 사용되었다. 하지만 방향족, 그중에서도 주로 벤젠 계열 화합물이 가진 발암성이 문제가 되어 몇 가지 염료는 사용이 금지되었다. 현재는 이 기준에 통과된 안전한 합성 염료만 사용한다.

그림 직접 염료와 간접 염료

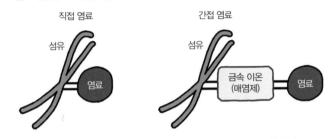

▲ 직접 염료는 섬유와 직접 결합하고, 간접 염료는 금속 이온을 매개체로 사용한다.

4-10 시멘트의 경화 반응

고대 그리스나 로마의 건축물은 돌로 만들어졌다. 하지만 지금은 건물, 도로, 다리, 댐 할 것 없이 모든 건축물은 목조가 아니면 전부 콘크리트로 만든다. 콘크리트는 시멘트 가루와 자갈을 섞고 물을 부어서 만든다.

● 시멘트 제조법

우선 콘크리트의 원료인 시멘트 제조 방법을 살펴보자. 시멘트의 원료는 석회석, 점토, 규산, 산화철 등이다. 이 원료들을 혼합해서 **로터리 킬른** (rotary kiln)이라는 소성 가마 속에 넣고 1,500℃로 가열한 다음 급속 냉각시키면 주먹만 한 크기의 덩어리가 생긴다. 이 덩어리를 **클링커**(clinker)라고 한다. 클링커에 2~3%의 석고를 더해 분쇄한 것이 바로 시멘트다.

석회석의 주성분은 **탄산칼슘**($CaCO_3$)이며, 시멘트 제조 과정에서 열분해된 석회석은 산화칼슘(생석회, CaO)과 이산화탄소(CO_2)가 된다. 시멘트 산업이 '이산화탄소 배출 산업'인 이유가 여기에 있다.

$$CaCO_3 \quad \rightarrow \quad CaO \quad + \quad CO_2$$

탄산칼슘　　산화칼슘(생석회)　　이산화탄소

● 콘크리트 제조법

시멘트와 모래, 물을 섞어 반죽한 것을 **모르타르**라고 하고, 시멘트에 모래와 자갈, 물을 섞은 것을 **콘크리트**라고 한다. 이때 넣는 물의 양은 일반적으로 시멘트 양의 절반 정도다.

회색 진흙 상태가 된 콘크리트를 틀에 넣어서 굳히면 완성이다. 그런데 콘크리트는 어떻게 해서 딱딱하게 굳을까?

콘크리트를 진흙 상태로 만들었던 물이 증발하면서 굳는 걸까? 하지만 요즘 콘크리트는 굳는 시간이 빨라서 하루면 완전히 굳는다. 물이 그렇게 빨리 증발할 리가 없다. 그렇다면 설마 겉은 딱딱하게 굳었어도 안쪽은 여전히 끈적한 상태인 걸까?

● 콘크리트의 경화 반응

그렇지 않다. 콘크리트는 물이 증발하면서 단단해지는 것이 아니라 오히려 그 반대다. 물이 있어서 단단하게 굳는다. 물은 증발해서 사라지는 것이 아니라 콘크리트의 일부가 된다.

앞에서 설명했듯이 시멘트에는 생석회가 포함되어 있다. 여기에 물을 더하면 수산화칼슘[소석회, $Ca(OH)_2$]이 되고, 수산화칼슘이 시멘트 속에 있는 실리카[주성분은 이산화규소(SiO_2)]와 반응해 규산칼슘[$Ca_xSiO\{SiO_y(OH)_{4-2y}\}_n$, 여기서 x, y, n은 임의의 양의 정수]이 된다.

규산칼슘에는 규산 부분을 연결하는 가교 구조를 형성하는 성질이 있고, 이 성질이 콘크리트 전체를 하나의 돌처럼 단단하게 만든다.

$$CaO \quad + \quad H_2O \quad \rightarrow \quad Ca(OH)_2$$

생석회   물   소석회(수산화칼슘)

자료 규산칼슘의 가교 구조

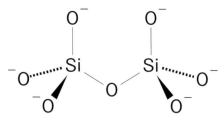

▲ 규산칼슘은 가교 구조를 만들어서 거대한 분자를 형성하고, 콘크리트 골격의 일부가 된다.

● 콘크리트의 약점

콘크리트는 이와 같은 원리로 단단하게 굳는다. 하지만 안타깝게도 현대의 콘크리트는 돌만큼 튼튼하지 못하다. 수명이 대략 100년 정도다. 100년 전에 만들어진 콘크리트 건축물이 현재 어떤 상태인지는 일본의 군함도를 보면 알 수 있다. 나가시마현 앞바다에 있는 작은 섬인 군함도에는 1900~1930년 사이에 탄광 사업을 위해 세워진 콘크리트 건물이 여전히 남아 있다. 폐광된 후에 방치된 이 건물들은 현재 가까이 다가가기 위험할 정도로 부식된 상태다.

그림 콘크리트의 수명

지금은 아름다운 외관을 자랑하는
건물도 100년 후에는….

니트로글리세린과 트리니트로톨루엔

폭약이라고 하면 일단 니트로글리세린과 트리니트로톨루엔(TNT)부터 떠오른다. 둘 다 니트로기(基) NO_2를 포함하기 때문에 '니트로'라는 명칭이 붙어 있다. 니트로기 원자단에 포함된 산소가 격렬한 연소 반응, 즉 폭발을 일으킨다. 다시 말해 원자 내부에 산소가 많을수록 강력한 폭약이 된다.

러일전쟁 당시 일본 해군은 개발자의 이름을 붙인 '시모세 화약'을 사용했다. 일본이 러일전쟁에서 발트함대를 상대로 승리할 수 있었던 결정적 요인이 시모세 화약이었다는 주장도 있다. 시모세 화약은 화학적으로 말하자면 피크르산이다.

하지만 피크르산에는 결정적인 단점이 있다. 금속과 반응해서 충격성이 강한 염(소금)을 생성한다는 점이다. 쉽게 말해 오래된 포탄에 충격을 가하면 스스로 폭발할 수 있다는 의미다. 이런 사고를 막으려면 포탄 내부에 옻을 칠하고, 그 위에 바셀린을 덧바른 후에 화약을 넣는 번거로운 작업이 필요했다.

이런 단점 때문에 피크르산은 결국 자연스럽게 TNT로 교체되었다. 하지만 피크르산은 폭발 작용만이 아니라 소독 작용과 단백질을 굳히는 작용도 한다. 나 역시 대학 시절 실험하다가 화상을 입으면 피크르산이 든 노란 알코올 용액을 발랐다. 주변에서 바르면 폭발한다고 겁을 주기도 했지만 실제로 피크르산을 바르다가 손가락을 잃었다는 이야기는 듣지 못했다.

TNT

피크르산

제5장

위험한 화학 반응

일반 가정집에도 많은 화학 물질이 있다. 이 화학 물질들도 당연히 화학 반응을 일으키고, 그 반응은 유용할 때도 있지만 가끔은 위험할 때도 있다. 문제는 우리가 모르는 사이에 위험한 화학 반응이 일어난다는 사실이다. 생각지도 못한 사고로 다치거나 심하면 목숨을 잃을 수도 있다. 어떤 상황에서 위험한 화학 반응이 일어나는지 살펴보자.

5-1 위험한 표백제

'섞으면 위험'이라는 개념은 화학 물질을 다룰 때 반드시 명심해야 할 철칙이다. 집 안에도 다양한 화학 물질이 존재하고, 집안일을 하는 주부들은 이런 화학 물질을 자주 사용한다. 이 중 주부들이 거의 매일 만지는 표백제도 잘못 사용하면 엄청나게 위험한 화학 반응으로 맹독가스를 발생시키는 화학 물질이다.

🔵 위험한 표백제

가정에서 사용하는 표백제는 주로 산화 계열의 표백제다. 산화 계열 표백제에는 대부분 하이포아염소산칼륨($KClO$)이 들어 있으며, 이는 염소가스(Cl_2)를 발생시킬 수 있다. 농도가 진해지면 옅은 녹색을 띠는 염소는 매우 해로운 유독가스다. 제1차 세계대전에서 독가스 무기로 사용했을 정도로 독성이 강하다. 당시 연합군 사망자가 5,000명에 달했을 정도다.

🔵 유기염소 화합물

당시 염소가스가 가진 이러한 능력에 주목한 각국은 염소가스 생산에 뛰어들었고, 전 세계의 염소가스 생산량이 단번에 100배로 치솟았다. 하지만 전쟁이 끝나자 염소가스는 무용지물이 됐고, 힘들게 생산한 염소가스를 활용할 방법이 없을까 고민하면서 자연스럽게 염소 화학 분야가 활발해졌다.

우선 살충제로 사용하는 방법을 검토해서 DDT와 BHC 같은 유기염소 계열의 살충제를 개발했다. PCB도 여기에 해당하고, 의도적으로 합성한 것은 아니지만 다이옥신도 유기염소 화합물이다.

또한 사람에게 해로운 염소는 세균에게도 치명적인 법이다. 그러니 살균제로도 쓸 수 있다. 이런 특징을 활용해 염소는 상수도 살균제로도 사용됐

자료 유기염소 계열 살충제의 구조

DDT   BHC   PCB

$1 \leqq m+n \leqq 10$

▲ 다만 유기염소 계열 살충제는 오랜 시간 자연환경에 남기 때문에 현재는 사용하지 않는다.

다. 우리가 수돗물에서 소독약 냄새를 느끼는 원인이 바로 염소이며, 정식 명칭은 하이포아염소산칼슘[$Ca(ClO)_2$]이다. 염소를 발생시키는 원인인 산화염소(ClO) 원자단 두 개가 칼슘 원자(Ca)와 결합한 것이다.

● 표백제의 염소 발생 반응

표백제 속 하이포아염소산칼륨과 산성 물질이 만나면 다음과 같은 화학 반응이 일어나면서 염소가스가 발생한다.

KClO	+	2HCl	→	KCl	+	H_2O	+	Cl_2
하이포아염소산칼륨		염산		염화칼륨		물		염소가스

이해를 돕기 위해 산 중에서 가장 구조가 단순한 염산(HCl)을 예로 들었지만, 어떤 산이든 일어나는 화학 반응은 똑같다. 산화 계열 표백제에 산성 물질이 들어가면 결국 전쟁에서 사용했던 독가스와 같은 염소가스가 발생한다.

평소 자주 사용하는 사람은 이 사실을 간과해서는 안 된다. 부엌이나 욕실처럼 좁은 밀폐공간에서 염소가스를 마시면 목숨이 위태로울 수 있다. 실제 사고로 이어진 사례도 여러 건 있었다. 다행히 목숨은 건졌지만 결국 실명한 사람도 있다.

● 표백제와 청소 세제를 섞으면 위험!

일반 사용자들은 화학 약품의 성분을 알기 어렵다. 하지만 화학 약품 용기에는 반드시 성분을 표시하게 되어 있으니 사용하기 전에 읽어 두면 사소한 실수를 막을 수 있다.

세제라고 하면 우선 표백제와 함께 사용하는 세탁용 세제를 떠올리겠지만, 요즘 세탁용 세제는 대부분 산성이 아닌 중성세제다. 하지만 세제에는 세탁용 세제만이 아니라 청소할 때 사용하는 세제도 있다.

화장실에 생긴 오염물은 주로 염기성(알칼리성)이다. 이 오염물을 제거하려면 산성 세제가 필요하기 때문에 화장실 청소용 세제에는 대부분 염산이 들어 있다. 염산이 든 청소용 세제와 산화 계열 표백제를 함께 사용하면 앞에서 설명한 화학 반응이 일어나면서 염소가 발생한다.

더 무서운 사실은 화학 반응은 한번 시작하면 중간에 멈출 수 없다는 점이다. 반응물을 모두 소비할 때까지 멈추지 않는다.

그림 함께 사용하면 위험한 세제

▲ 화학 약품을 섞으면 무시무시한 일이 벌어질 수 있다. 항상 주의하자!

5-2 위험한 산(酸)

'산'이나 '알칼리(염기)'라는 단어를 듣고 '위험'을 떠올린다면 아주 바람직한 반응이다. 그리고 위험하다고 판단했다면 피하는 것이 상책이다.

● 우리 주변에 있는 산

우리 주변에는 어떤 산성 물질이 있을까? 과학이나 화학 수업에서 염산(HCl), 황산(H_2SO_4), 질산(HNO_3)과 같은 산성 물질은 자주 들었지만, 집안 어디를 둘러봐도 그런 이름이 적힌 병은 보이지 않는다. 그렇다고 해서 가정집에 산성 물질이 없다고 생각하면 큰 착각이다. 순수한 산은 없겠지만 산이 섞인 혼합물이라면 얼마든지 있다. 우선 주방이나 화장실을 청소할 때 쓰는 세제, 여기에는 대부분 염산이 들어 있다. 조미료로 쓰는 식초 또한 명백한 산성 물질인 아세트산을 4% 정도로 희석한 수용액이다. 또한 요즘 세제로 많이 사용하는 구연산도 엄연한 산이다. 구연산은 귤류의 신맛을 내는 성분으로 레몬과 매실에는 구연산이 듬뿍, 다시 말해 산이 듬뿍 들어 있다.

그림 우리 주변에 있는 산

▲ 산성 물질은 가정집에도 많이 있다. 식초를 비롯해 레몬이나 매실도 산에 해당한다.

● 산의 위험성

황산과 질산은 몸에 닿으면 화상을 일으키는 위험한 물질이다. 일반 가정집에서 이런 산을 접할 일은 없겠지만, 가끔은 우리가 생각지도 못한 사고가 일어나기도 한다.

산 중에서도 단순히 위험하다는 표현만으로는 부족한 무시무시한 물질이 플루오린화 수소산(불산, HF)이다. 부식성이 강한 플루오린화 수소산은 심지어 유리도 녹인다. 몸에 닿으면 내부에 침투해서 세포 내에 있는 칼슘과 반응해 플루오린화 칼슘(CaF_2)을 발생시킨다. 플루오린화 칼슘의 결정은 신경을 자극해서 극심한 통증을 일으키고, 체내의 칼슘을 부족하게 만들기 때문에 이를 보충하기 위해 뼈가 녹기 시작하는 끔찍한 일이 일어난다.

플루오린화 수소산으로 인한 사고도 있었다. 2012년 9월 구미에서 플루오린화 수소산을 운반하던 화물 트럭의 저장 탱크를 옮기던 중 8톤의 플루오린화 수소산이 누출됐다. 작업자를 포함해 다섯 명이 목숨을 잃었고, 18명의 중상자를 포함해 4,000명 이상의 치료 환자가 나온 대형 사고였다.

일본에서는 2012년 12월에 범죄도 발생했다. 한 여성 회사원이 퇴근 도중에 왼쪽 다리 발가락에 극심한 통증을 느껴 병원을 찾았다. 이미 발가락이 괴사된 상태였기에 응급 수술로 발가락을 모두 절단해야 했다. 범인은 같은 직장에 다녔던 남성으로 피해자 여성의 구두에 플루오린화 수소산을 발라 두었다고 한다.

● 섞으면 위험!

산화 계열 표백제에 화장실 청소용 세제를 섞을 경우 염소가스가 발생한다는 사실은 이미 앞에서 설명했다. 마찬가지로 하이포아염소산 용액에 가정에서 사용하는 산이나 산 혼합물을 섞어도 염소가 발생할 수 있다.

배관 청소제로 에어컨을 청소하다 보면 배수관에서 뽀글뽀글하는 소리와 함께 연기가 날 때가 있다. 에어컨 청소를 하면서 동시에 식초로 부엌 배수관을 같이 청소하다가 양쪽의 오수가 섞여서 염소가스가 발생한 것이다. 배관 청소제에 하이포아염소산이 들어 있기 때문이다.

하이포아염소산은 곰팡이 제거제에도 들어 있다. 욕실에 곰팡이 제거제를 뿌린 다음 중화시킬 목적으로 식초를 뿌리는 사람이 있는데, 이때 창문을 닫은 채로 뿌리면 큰일이 벌어질 수 있다.

그래서 남은 산을 보관할 때는 용기에도 특별히 신경을 써야 한다. 만약 알루미늄 캔에 넣으면 알루미늄(Al)과 산이 반응해서 수소(H_2)가 발생하고, 압력이 높아지면 캔이 터질 수 있다.

$$2Al \quad + \quad 6HCl \quad \rightarrow \quad 2AlCl_3 \quad + \quad 3H_2$$
알루미늄　　염산　　염화알루미늄　　수소

화학 물질은 구매했을 당시 들어 있던 용기를 그대로 사용해야 한다.

그림 용기 교체는 NG!

산

알루미늄 캔

▲ 페트병이나 알루미늄 캔 용기도 일종의 '화학 물질'이다. 모든 화학 물질은 화학 반응을 일으킨다는 사실을 잊지 말자!

5-3 위험한 알칼리

알칼리의 정식 명칭은 염기(鹽基)이며 산과 대립하는 개념이다. 화학에서 산과 염기는 매우 중요한 개념이기 때문에 어떤 분야에서든 사용할 수 있도록 세 가지로 정의해 두었다. 그중에서도 가장 널리 알려진 것이 '산은 수소 이온(H^+)을 방출하는 물질이고, 염기는 수산화물 이온(OH^-)을 방출하는 물질'이라는 정의다. 참고로 물은 두 이온을 모두 방출하는 양성 화합물이다.

● 우리 주변에 있는 염기

산은 우리 주변에서 흔히 볼 수 있지만, 염기의 예를 찾는 일은 생각보다 쉽지 않다. 교과서를 봐도 염기의 예로 등장하는 물질은 비누나 잿물 정도다.

심지어 여기서 말하는 비누는 우리가 생각하는 일반적인 세제가 아니다. 기름에서 얻은 지방산인 카복실산(R–COOH)과 수산화나트륨(NaOH)에서 얻은 지방산나트륨염(R–COONa)을 말한다. 이 물질들은 물에 녹으면 수산화물 이온을 방출한다.

R–COOH + NaOH → R–COONa + H_2O
지방산   수산화나트륨   지방산나트륨염   물

R–COONa + H_2O → R–COOH + Na^+ + OH^-
지방산   물   지방산   나트륨   수산화물
나트륨염   이온   이온

하지만 요즘 사용하는 일반적인 세제는 대부분 중성이다. 염기성이 아니다. 또한 잿물은 재를 녹인 물을 말하지만, 요즘 일반 가정에서 재가 생길 일은 거의 없다.

그림 우리 주변에 있는 염기성 물질

비누

잿물

▲ 염기는 단백질을 녹이는 물질인 만큼 조심해서 사용해야 한다.

● 위험한 염기

그렇다면 가정에는 염기성 물질이 전혀 없을까? 그렇지는 않다. 가정용 세제나 클렌징 중에는 약한 염기성 제품이 있다. 그리고 일반 가정에서는 쓰지 않지만 업소에서 쓰는 강력한 세제 중에는 상당히 강한 염기성을 띤 제품도 있다.

'산과 염기 중에 어느 것이 더 위험한가?'라고 묻는다면 농도에 따라 크게 달라질 수 있어서 일률적으로 대답하기 어렵지만, 일반적으로 강한 산과 강한 염기를 비교하면 강한 염기가 더 무서운 존재이기는 하다. 산은 피부의 단백질을 굳히지만 염기는 녹인다. 비누를 손에 묻히면 미끌미끌해지는 이유도 피부가 녹기 때문이다.

일본의 온천을 보면 '미인탕'이나 '메기탕(피부가 메기처럼 매끈매끈해진다는 의미-역주)'이라는 이름이 붙은 곳이 있다. 물론 미인탕에 들어간다고 해서 얼굴 윤곽이 미인형으로 바뀌는 것은 아니다. 단지 피부가 보들보들해질 뿐이다. 이런 온천은 염기성 온천인 경우가 많고, 이 온천물에 몸을 담그면 피부가 약간 녹아서 매끈매끈해지는 효과가 있다.

하지만 혹시라도 강한 염기가 눈에 들어가면 큰일이다. 각막이 녹아서 실명할 수도 있다. 그렇다고 어설픈 화학 지식을 내세워서 산을 넣어 중화하려는 행동은 절대 해서는 안 된다. 물로 충분히 씻어 내고 한시라도 빨리 병원으로 가자.

● 염기의 위험한 반응

2012년 10월 도쿄 지하철 안에서 돌연 폭발 사고가 일어났다. 열차 안은 혼란에 휩싸였고 승객 열 명 정도가 구급차에 실려 병원으로 옮겨졌지만, 다행히 가벼운 부상에 그쳤다.

원인은 어처구니없게도 한 여성 승객이 들고 있던 알루미늄 음료 캔이었다. 당연히 일반 음료수가 든 알루미늄 캔이 폭발할 일은 없다. 당시 캔 속에 들어 있던 내용물은 음료수가 아니었다. 아르바이트하던 곳에서 업소용 청소 세제의 강력한 위력을 알게 된 여성이 자기 집에서 쓰려고 알루미늄 캔에 세제를 담아 온 것이다. 이 세제가 강력한 염기성 물질이었다.

알루미늄은 특수한 금속이다. 산과도 반응하고 염기와도 반응한다. 알루미늄과 염기의 반응식은 다음과 같고, 반응식에서 알 수 있듯이 수소가 발생한다. 마개로 입구를 막은 캔 속에 수소가스가 가득 찼고 결국 작은 폭발로 이어진 것이다.

$$2Al + 2NaOH + 6H_2O \rightarrow 2Na[Al(OH)_4] + 3H_2$$

알루미늄   수산화나트륨   물   알루민산 나트륨   수소

그림 염기의 위험한 반응

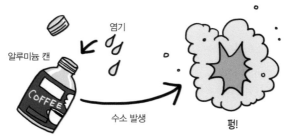

염기

알루미늄 캔

COFFEE

수소 발생

펑!

▲ 산과 염기 모두와 반응하는 특수한 금속인 알루미늄은 사용할 때 각별한 주의가 필요하다.

5-4 위험한 산화제

상대편 분자를 산화시키는 성질을 가진 분자를 일반적으로 **산화제**라고 한다. 반대로 상대편 분자를 환원시키는 분자는 **환원제**다. 산화제와 환원제는 화학 반응에서 매우 중요한 역할을 하는 약품이지만 보통 가정에서는 별로 볼 일이 없다. 하지만 그렇다고 전혀 없는 것은 아니다. 일반 가정에도 있을 법한 산화제로는 소독제, 표백제, 농약 등이 있다. 산화 반응은 상당히 격렬한 반응이라 매우 위험하다. 따라서 산화제도 위험한 물질이니 항상 조심해야 한다.

● 소독제

과산화수소는 전형적인 소독제다. '옥시돌(oxydol)'이나 '옥시풀'이라는 이름으로 알려진 과산화수소를 2~3%로 희석한 수용액을 주로 소독약으로 썼다. 예전에는 가정집에서도 볼 수 있었지만 더 편리하고 좋은 소독약이 개발되면서 요즘은 존재감이 희미해졌다.

하지만 과산화수소의 산화력은 매우 강력하다. 문제를 일으킬 소지가 있어서 이 책에서는 자세히 언급하지 않겠지만, 특정 위험물의 합성 원료로도 유명한 물질이다.

그림 소독제와 휴대용 공간제균제

▲ 소독제는 세균을 '죽이는 약'이다.

$$\begin{array}{ccccc} H_2O_2 & \rightarrow & H_2O & + & (O) \\ \text{과산화수소} & & \text{물} & & \text{발생기 산소가} \\ & & & & \text{강한 산화작용을 한다.} \end{array}$$

● 표백제

5-1에서 설명했듯이 하이포아염소산칼륨은 산화 계열 표백제로 사용된다. 이와 비슷한 물질로 하이포아염소산나트륨($NaClO$)이 있다. 하이포아염소산나트륨은 다음과 같은 반응식에 따라 산소를 발생시킨다.

$$\begin{array}{ccccc} NaClO & \rightarrow & NaCl & + & (O) \\ \text{하이포아염소산나트륨} & & \text{염화나트륨} & & \text{발생기 산소가} \\ & & & & \text{강한 산화작용을 한다.} \end{array}$$

산소를 발생시키기 때문에 세균을 죽이는 효과도 있어서 과산화수소와 마찬가지로 살균작용을 한다. 이 점에 착안한 한 업체가 '휴대용 공간제균제'라는 상품을 판매하기도 했다. 하이포아염소산나트륨을 함유한 알약을 부직포로 감싸서 목에 거는 형태로 만들고 몸에 지니고 있으면 주변을 살균하는 효과가 있다고 홍보했다.

하지만 땀을 흘리면 하이포아염소산이 녹아서 열이 발생했고, 화상을 입는 피해가 발생하자 일본 소비자청이 사용 중지를 요청했다.

● 농약

농약 중에는 질산을 이용한 물질이 있다. 질산칼륨(KNO_3)과 질산암모늄(NH_4NO_3)이 여기에 해당한다.

질산칼륨은 과거 초석이라 불렸던 화약의 원료이며, 소총의 발사약으로 사용했다. 분해하면 산소가 발생해서 황이나 탄소를 격렬하게 연소시키기 때문에 그 성질을 이용해 폭약으로 사용했다. 그뿐만 아니라 소금에 절인 돼지고기에서 주로 발생하는 보툴리누스균을 살균하는 살균제로도 쓰였다.

질산칼륨을 사용해 살균한 육류가공품은 특유의 분홍빛을 띤다. 그래서 햄은 가열해도 계속 붉은색을 띤다.

한편 강한 폭발성을 지닌 질산암모늄은 역사적으로도 유명한 폭발 사건을 여러 번 일으켰다.

● 오파우 공장 폭발 사고

1921년 독일 오파우 지역에 있는 화학공장에서 습기를 먹어 굳어 버린 질산암모늄과 황산암모늄[$(NH_4)_2SO_4$]의 혼합 비료를 분쇄하려고 다이너마이트를 사용했다가 약 4,500톤이 폭발해 500~600명이 사망하고 2,000명 이상이 다치는 대형 참사가 벌어졌다. 당시 현장에는 폭이 100m에 달하는 분화구가 생겼다.

● 텍사스 시티 폭발 사고

1947년 미국 텍사스주 텍사스 시티에 정박 중이던 증기선에서 화재가 발생해 싣고 있던 질산암모늄 2,300톤이 폭발했다. 이 사고로 581명이 사망했고 1.6km 안에 있던 건물이 모두 무너졌다.

● 오클라호마 폭탄 테러

1995년 미국 오클라호마주 오클라호마 시티에서는 폭탄 테러 사건이 발생해 168명이 사망하고 800명 이상이 다쳤다. 이 사건에도 질산암모늄이 쓰였다.

그림 폭발성이 있는 농약

질산암모늄
NH_4NO_3

폭발!

질산칼륨
KNO_3

소총

▲ 질산암모늄은 과거 여러 번 대형 폭발 사고를 일으켰다.

5-5 위험한 파열 반응

물은 저온에서는 고체인 얼음이 되고 실온에서는 액체 상태인 물로 존재하며, 고온에서는 기체인 수증기가 된다. 이처럼 물질은 일반적으로 온도와 압력에 따라서 변한다. 이때 고체, 액체, 기체와 같은 개념을 물질의 상태라고 한다.

● 승화

온도를 높이면 얼음은 먼저 액체가 되었다가 계속해서 온도를 높이면 기체가 된다. 그런데 옷장 안에 넣어 둔 살충제는 분명 고체였는데, 어느 순간 보면 사라지고 없다. 고체인 물질이 액체 상태를 거치지 않고 바로 기체가 된 것이다. 이와 같은 상태 변화를 승화(昇華)라고 한다.

자료 물질의 상태

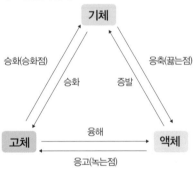

▲ 고체가 기체로 변화하면 부피가 수백 배로 늘어난다.

얼음도 승화한다. 이 현상을 동결 건조(freeze drying)라고 하는데, 다만 동결 건조가 일어나려면 반드시 진공 상태여야 한다. 만약 습기를 먹은 원두를 가열해서 수분을 증발시키려고 한다면 아까운 커피를 100℃ 이상으로 가열해야 한다. 당연히 커피의 맛과 향까지 같이 사라진다. 하지만 동결 건조를 이용해 승화시키면 가열하지 않고 수분만 제거할 수 있다.

● 드라이아이스

승화가 잘 일어나는 대표적인 물질로 드라이아이스가 있다. 이산화탄소(CO_2)를 냉각시켜 고체로 만든 드라이아이스는 편리한 물질이지만 잘못 사용하면 매우 위험한 물질이기도 하다.

드라이아이스는 실온에 그대로 두면 기체가 된다. 고체가 기체가 되면 당연히 부피가 늘어난다. 드라이아이스도 기체가 되면 부피가 무려 750배가 된다. 따라서 좁은 자동차 안에서 드라이아이스를 승화시키면 이산화탄소 농도가 급격히 올라간다.

일산화탄소(CO)가 생명을 앗아 갈 수 있는 위험한 기체라는 사실은 대부분 알고 있지만, 이산화탄소의 독성은 모르는 사람이 많다. 하지만 이산화탄소 역시 우리의 목숨을 위협할 수 있다.

농도가 3~4% 이상이면 두통과 현기증, 구토감이 느껴지고 7%를 넘으면 몇 분 안에 의식을 잃는다. 결국 호흡이 멎고 죽음에 이를 수 있다.

자동차 내부 공간을 $4m^3$라고 하면 드라이아이스가 500g만 있어도 차 내부의 이산화탄소 농도가 7%에 도달한다. 드라이아이스는 생각보다 위험한 물질이다.

● 폭발의 위험성

드라이아이스가 위험한 이유는 중독성 때문만은 아니다. 기체가 됐을 때 부피가 팽창해서 폭발로 이어질 수도 있다. 드라이아이스의 폭발성은 드라이아이스 조각을 종이봉투에 넣어서 입구를 봉해 보면 확인할 수 있다. 봉투가 점점 빵빵하게 부풀어 오르다가 결국 찢어진다. 종이봉투는 그저 찢어질 뿐이지만 만약 유리병이었다면 어땠을까?

폭발한다. 실제로 유리병에 드라이아이스를 넣었다가 폭발로 다친 사람도 있고, 목숨을 잃은 사람도 있다. 결코 따라 해서는 안 되는 장난이다.

그림 드라이아이스의 위험성

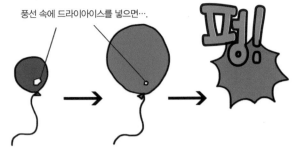

풍선 속에 드라이아이스를 넣으면….

펑!

▲ 드라이아이스는 친숙하고 편리한 물질이지만 위험하기도 하다.

● 기체 발생 반응

드라이아이스의 기체 발생은 상태 변화로 일어나지만, 화학 반응으로 발생하는 기체도 있다. 그중에는 우리가 아주 잘 아는 친숙한 화학 물질의 반응도 있다.

요즘 일명 '중탄산소다'라고도 하는 탄산수소나트륨, 즉 베이킹소다($NaHCO_3$)를 이용해서 청소나 빨래를 하는 사람이 많아졌다. 베이킹소다를 쓰면 전자레인지 주변이나 욕실에 낀 찌든 때를 쉽게 지울 수 있다. 또한 베이킹소다를 더 효과적으로 활용하는 방법으로 베이킹소다에 식초를 넣어 풀처럼 걸쭉하게 만드는 방법을 추천하는 사람도 있다.

식초는 산성 물질인 아세트산(CH_3COOH) 수용액이고 화장실용 세제에는 염산(HCl)이 들어 있다. 어떤 종류의 산이든 베이킹소다에 산을 더하면 이산화탄소가 발생하기 때문에 주의해야 한다.

$NaHCO_3$ + HCl → $NaCl$ + H_2O + CO_2
베이킹소다　　염산　　염화나트륨　　물　　　이산화탄소

齋藤勝裕, 『よくわかる太陽電池』, 日本実業出版社, 2009.

齋藤勝裕, 『気になる化学の基礎知識』, 技術評論社, 2009.

齋藤勝裕, 『科学者も知らないカガクのはなし』, 技術評論社, 2013.

齋藤勝裕, 『へんな金属 すごい金属』, 技術評論社, 2009.

齋藤勝裕, 『へんなプラスチック, すごいプラスチック』, 技術評論社, 2011.

齋藤勝裕, 安藤文雄, 今枝健一, 『ふしぎの化学』, 培風館, 2013.

齋藤勝裕, 『最強の毒物はどれだ?』, 技術評論社, 2014.

齋藤勝裕, 『マンガでわかる有機化学』, SBクリエイティブ, 2009.

齋藤勝裕, 『知っておきたいエネルギーの基礎知識』, SBクリエイティブ, 2010.

齋藤勝裕, 『知っておきたい太陽電池の基礎知識』, SBクリエイティブ, 2010.

齋藤勝裕, 『知っておきたい有害物質の疑問100』, SBクリエイティブ, 2010.

齋藤勝裕, 『基礎から学ぶ化学熱力学』, SBクリエイティブ, 2010.

齋藤勝裕, 『知っておきたい有機化合物の働き』, SBクリエイティブ, 2011.

齋藤勝裕, 『知っておきたい放射能の基礎知識』, SBクリエイティブ, 2011.

齋藤勝裕, 保田正和/著, 『マンガでわかる無機化学』, SBクリエイティブ, 2014.

齋藤勝裕, 『カラー図解でわかる高校化学超入門』, SBクリエイティブ, 2014.

MEMO

_____
_____
_____
_____
_____
_____
_____
_____
_____
_____
_____
_____
_____

HONTO WA OMOSHIROI KAGAKU HANNO

© 2015 Katsuhiro Saito
All rights reserved.
Original Japanese edition published by SB Creative Corp.
Korean Translation Copyright © 2023 by Korean Studies Information Co., Ltd.
Korean translation rights arranged with SB Creative Corp.

하루 한 권, 일상 속 화학 반응

초판 1쇄 발행 2023년 09월 27일
초판 2쇄 발행 2024년 02월 09일

지은이   사이토 가쓰히로
그린이   쓰치다 나쓰미
옮긴이   이은혜
발행인   채종준

출판총괄 박능원
국제업무 채보라
책임편집 박나리 · 박민지
마케팅   문선영 · 전예리
전자책   정담자리

브랜드   드루
주소   경기도 파주시 회동길 230 (문발동)
투고문의 ksibook13@kstudy.com

발행처   한국학술정보(주)
출판신고 2003년 9월 25일 제406-2003-000012호
인쇄   북토리

ISBN 979-11-6983-671-5 04400
     979-11-6983-178-9 (세트)

드루는 한국학술정보(주)의 지식 · 교양도서 출판 브랜드입니다.
세상의 모든 지식을 두루두루 모아 독자에게 내보인다는 뜻을 담았습니다.
지적인 호기심을 해결하고 생각에 깊이를 더할 수 있도록, 보다 가치 있는 책을 만들고자 합니다.